Ueber Riemann's Theorie der Algebraischen Functionen

Felix Klein

Alpha Editions

This edition published in 2022

ISBN : 9789356708006

Design and Setting By
Alpha Editions
www.alphaedis.com
Email - info@alphaedis.com

Contents

ABSCHNITT I.
EINLEITENDE BETRACHTUNGEN.

§. 1. Stationäre Strömungen in der Ebene als Deutung der Functionen von x + iy.

Die physikalische Deutung der Functionen von [formula], mit welcher wir im Folgenden zu arbeiten haben, ist in ihren Grundlagen wohlbekannt(1), nur der Vollständigkeit halber müssen letztere kurz zur Sprache gebracht werden.

Sei [formula], [formula], [formula]. Dann hat man vor allen Dingen:

[formula]

und hieraus:

[formula]

sowie für *v*:

[formula]

Hier wird man nun *u* als *Geschwindigkeitspotential* deuten, so dass [formula] [formula] die Componenten der Geschwindigkeit sind, mit der eine Flüssigkeit parallel zur [formula]-Ebene strömt. Wir mögen uns diese Flüssigkeit zwischen zwei Ebenen eingeschlossen denken, die parallel zur [formula]-Ebene verlaufen, oder auch uns vorstellen, dass die Flüssigkeit als unendlich dünne, übrigens gleichförmige Membran über der [formula]-Ebene ausgebreitet sei. Dann sagt die Gleichung (2)—und dies ist der Kern unserer physikalischen Deutung—, dass unsere Strömung eine *stationäre* ist. Die Curven [formula] Const. heissen die *Niveaucurven*, während die Curven [formula] Const., die vermöge (1) den ersteren überall rechtwinkelig begegnen, die *Strömungscurven* abgeben.

Bei dieser Vorstellungsweise ist es zunächst natürlich völlig gleichgültig, wie beschaffen wir uns die strömende Flüssigkeit denken wollen. Inzwischen wird es in der Folge vielfach zweckmässig sein, dieselbe mit dem *elektrischen Fluidum* zu identificiren. Es wird dann nämlich *u* mit dem elektrostatischen Potential, welches die Strömung hervorruft, proportional, und die experimentelle Physik gibt uns mannigfache Mittel an die Hand, um zahlreiche Strömungszustände, die uns interessiren, thatsächlich zu realisiren.

Die Strömung selbst wird übrigens ungeändert bleiben, wenn wir *u* durchweg um eine Constante vermehren: es sind nur die Differentialquotienten [formula], welche unmittelbar in Evidenz treten. Das Analoge gilt von *v*; so dass die Function [formula], welche wir physikalisch deuten, durch diese

Deutung nur bis auf eine additive Constante bestimmt ist, was im Folgenden wohl zu beachten ist.

Sodann bemerke man noch, dass die Gleichungen (1)-(3) ungeändert bestehen bleiben, wenn man *u* durch *v*, *v* durch [formula] ersetzt. Dementsprechend erhalten wir einen zweiten Strömungszustand, bei welchem *v* das Geschwindigkeitspotential abgibt und die Curven [formula] Const. die Strömungscurven sind. Derselbe repräsentirt in dem oben erläuterten Sinne die Function [formula]. Es ist häufig zweckmässig, diese neue Strömung neben der ursprünglichen zu betrachten, bei welcher *u* das Geschwindigkeitspotential war; wir wollen dann der Kürze halber von *conjugirten* Strömungen sprechen. Die Benennung ist zwar etwas ungenau, weil sich *u* zu *v* verhält, wie *v* zu [formula]; sie wird aber für später ausreichen.

Diese ganze Erläuterung bezieht sich, gleich den Differentialgleichungen (1)-(3), zuvörderst nur auf einen solchen (übrigens beliebigen) *Theil* der Ebene, in welchem [formula] eindeutig ist und weder [formula], noch einer seiner Differentialquotienten unendlich wird. Um den entsprechenden physikalischen Vorgang deutlich zu übersehen, hat man sich also vorab einen solchen Bereich abzugränzen und durch geeignete Vorrichtungen an der Gränze dafür zu sorgen, dass der im Inneren des Gebietes eingeleitete stationäre Bewegungszustand ungehindert fortdauern kann.

In einem so umgränzten Gebiete werden diejenigen Puncte [formula] unsere besondere Aufmerksamkeit auf sich ziehen, für welche der Differentialquotient [formula] verschwindet. Ich will der Allgemeinheit wegen gleich annehmen, dass auch [formula], [formula], [formula] bis hin zu [formula] gleich Null sein mögen. Um über den Verlauf der Niveaucurven, oder auch der Strömungscurven, in der Nähe eines solchen Punctes Aufschluss zu erhalten, entwickele man *w* in eine nach Potenzen von [formula] fortschreitende Reihe. Dieselbe bringt hinter dem constanten Gliede unmittelbar ein Glied mit [formula]. Durch Einführung von Polarcoordinaten schliesst man hieraus: *dass sich im Puncte* [formula] [formula] *Curven* [formula] *Const. unter resp. gleichen Winkeln kreuzen, während ebensoviel Curven* [formula] *Const. als Halbirungslinien der genannten Winkel auftreten.* Ich werde einen solchen Punct dementsprechend einen *Kreuzungspunct* nennen, und zwar einen *Kreuzungspunct von der Multiplicität* [formula].

Die folgende (selbstverständlich nur schematische) Figur mag dieses Vorkommniss für [formula] erläutern und namentlich verständlich machen, wie sich ein Kreuzungspunct in das Orthogonalsystem einfügt, welches übrigens von den Curven [formula] Const., [formula] Const. gebildet wird:

[Illustration: Figur 1.]

Figur 1.

Die Strömungscurven [formula] Const. erscheinen in der Figur ausgezogen und die Strömungsrichtungen auf ihnen durch beigesetzte Pfeilspitzen angegeben; die Niveaucurven sind durch Punctirung angedeutet. Man sieht, wie die Flüssigkeit von drei Seiten auf den Kreuzungspunct zuströmt, um ebenfalls nach drei Seiten von demselben abzuströmen. Diess wird nur dadurch möglich, dass die Geschwindigkeit der Strömung im Kreuzungspunkte gleich Null wird (dass sich die Flüssigkeit in demselben staut, wie man nach Analogie bekannter Vorkommnisse sagen könnte). In der That ist ja die Geschwindigkeit durch [formula] gegeben.

Es ist weiterhin vortheilhaft, den Kreuzungspunkt von der Multiplicität [formula] *als Gränzfall von* [formula] *einfachen Kreuzungspuncten* aufzufassen. Dass diess zulässig ist, zeigt die analytische Behandlung. Denn im [formula]-fachen Kreuzungspunkte hat die Gleichung [formula] eine [formula]-fache Wurzel, und eine solche entsteht, wie man weiss, durch Zusammenrücken von [formula] einfachen Wurzeln. Im Uebrigen mögen folgende Figuren diese Auffassung erläutern:

[Illustration: Figur 2.]

Figur 2.

[Illustration: Figur 3.]

Figur 3.

Ich habe in denselben der Einfachheit halber nur die Strömungscurven angegeben. Linker Hand erblickt man denselben Kreuzungspunct von der Multiplicität Zwei, auf den sich Figur 1 bezieht. Rechter Hand liegt eine Strömung vor, welche dicht bei einander zwei einfache Kreuzungspuncte aufweist. Man erkennt, wie der eine Strömungszustand aus dem anderen durch continuirliche Aenderung hervorgeht.

Bei dieser Erläuterung wurde stillschweigend vorausgesetzt, dass das Gebiet, in welchem wir den Strömungszustand betrachten, sich nicht in's Unendliche erstrecke. Es hat allerdings keinerlei principielle Schwierigkeit, den Punct [formula] ebenso in Betracht zu ziehen, wie irgend einen anderen Punct [formula]. An Stelle der Reihenentwickelung nach Potenzen von [formula] hat dann in bekannter Weise eine solche nach Potenzen von [formula] zu treten. Man wird von einem [formula]-fachen Kreuzungspuncte bei [formula] sprechen, wenn diese Entwickelung hinter dem constanten Gliede sofort einen Term mit [formula] bringt. Aber es scheint überflüssig, die geometrischen Verhältnisse, welche diesen Vorkommnissen bei unserer Strömung entsprechen, ausführlicher zu schildern. Denn wir werden später Mittel und Wege kennen lernen, um die Sonderstellung des Werthes [formula], wie sie uns hier entgegentritt, ein für allemal zu beseitigen. Ebendesshalb wird der Punct [formula] in den nächstfolgenden Paragraphen

(§. 2-4) bei Seite gelassen, trotzdem er auch dort, wenn man vollständig sein wollte, besonders in Betracht gezogen werden müsste.

§. 2. Berücksichtigung der Unendlichkeitspuncte von w = f(z).

Wir wollen nunmehr auch solche Puncte [formula] in unser Gebiet hereinnehmen, in denen [formula] unendlich gross wird. Dabei schränken wir indess die unbegränzte Reihe der Möglichkeiten, welche in dieser Richtung vorliegt, mit Rücksicht auf die specielle von uns allein zu studierende Functionsclasse bedeutend ein. Wir wollen verlangen, *dass der Differentialquotient* [formula] *keine wesentlich singuläre Stelle besitzen soll*, oder, was dasselbe ist, wir wollen festsetzen, _dass __w__ nur so unendlich werden darf, wie ein Ausdruck der folgenden Form_:

[formula]

unter [formula] *eine bestimmte endliche Zahl verstanden.*

Entsprechend den verschiedenen Formen, die dieser Ausdruck darbietet, sagen wir, dass sich bei [formula] verschiedene Unstetigkeiten überlagern: ein *logarithmischer* Unendlichkeitspunct, ein *algebraischer* Unendlichkeitspunct von der Multiplicität Eins, u. s. f. Wir werden der Einfachheit halber hier jedes dieser Vorkommnisse für sich betrachten, worauf es eine nützliche Uebung sein wird, sich in einzelnen Fällen das Resultat der Ueberlagerung deutlich zu machen.

Sei [formula] zuvörderst ein *logarithmischer* Unendlichkeitspunct. Wir haben dann:

[formula]

Hier ist *A* diejenige Grösse, welche man, mit [formula] multiplicirt, nach *Cauchy* als *Residuum* des logarithmischen Unendlichkeitspunctes bezeichnet, eine Benennung, die im Folgenden gelegentlich angewandt werden soll. Für die Strömung in der Nähe des Unstetigkeitspunctes ist es von primärer Wichtigkeit, ob *A* reell ist oder rein imaginär, oder endlich complex. Offenbar kann man den dritten Fall als eine Ueberlagerung der beiden ersten auffassen. Wir wollen daher auch ihn bei Seite lassen und haben uns somit nur mit zwei getrennten Möglichkeiten zu beschäftigen.

1) Wenn *A* reell ist, so werde [formula] gesetzt. Man hat dann in erster Annäherung für [formula], [formula]:

[formula]

Die Curven [formula] Const. umgeben also den Unendlichkeitspunct in Gestalt kleiner Kreise; die Curven [formula] Const. laufen, den wechselnden Werthen von [formula] entsprechend, in allen Richtungen auf den Unendlichkeitspunct zu. Wir haben eine Bewegung, bei welcher [formula] *eine Quelle von einer gewissen positiven oder negativen Ergiebigkeit vorstellt.* Um diese Ergiebigkeit zu berechnen, multipliciren wir das Bogenelement eines kleinen mit dem Radius *r* um den Unstetigkeitspunct beschriebenen Kreises mit der zugehörigen Geschwindigkeit und integriren den so gewonnenen Ausdruck längs der Kreisperipherie. Da [formula] in erster Annäherung mit [formula] und dieses mit [formula] zusammenfällt, so kommt:

[formula]

als Werth der Ergiebigkeit. _Die Ergiebigkeit ist also gleich dem Residuum, getheilt durch __i__; sie ist positiv oder negativ je nach dem Werthe von __A_.

2) Sei zweitens *A* rein imaginär, gleich [formula]. Dann kommt unter Beibehaltung der übrigen Bezeichnungen in erster Annäherung:

[formula]

Die Rollen der Curven [formula] Const., [formula] Const. sind also geradezu vertauscht. Die Niveaucurven verlaufen jetzt nach allen Richtungen von [formula] aus, während die Strömungscurven den Unendlichkeitspunct in kleinen Kreisen umgeben. Die Flüssigkeit *wirbelt* auf letzteren Curven um den Punct [formula] herum. Ich will den Punct dementsprechend als einen *Wirbelpunct* bezeichnen. Sinn und Intensität des Wirbels werden durch [formula] gemessen. Da die Geschwindigkeit

[formula]

in erster Annäherung gleich [formula] wird, *so findet die Wirbelbewegung bei positivem* [formula] *im Sinne des Uhrzeigers, bei negativem* [formula] *in entgegengesetztem Sinne statt.* Wir mögen die Intensität des Wirbels gleich [formula] setzen, sie ist dann dem Residuum des betreffenden Unendlichkeitspunctes negativ gleich.

Uebrigens können wir sagen, indem wir uns der Definition conjugirter Strömungen, wie sie im vorigen Paragraphen gegeben wurde, mit der ihr anhaftenden Unbestimmtheit erinnern: *Hat eine von zwei conjugirten Strömungen bei* [formula] *eine Quelle von einer gewissen Ergiebigkeit, so hat die andere dort einen Wirbelpunct von gleicher oder entgegengesetzt gleicher Intensität.*

Wir betrachten ferner die *algebraischen* Unstetigkeitspuncte. Bei ihnen ist der Verlauf der Strömung seinem allgemeinen Charakter nach davon unabhängig, ob das erste Glied der Reihenentwickelung einen reellen, imaginären oder complexen Coefficienten hat. Sei zuvörderst:

[formula]

so wird in erster Annäherung für [formula], [formula]:

[formula]

Betrachten wir zuvörderst den reellen Theil rechter Hand. Wenn *r* sehr klein ist, so kann [formula] durch geschickte Wahl von [formula] doch noch jeden beliebigen vorgegebenen Werth vorstellen. _Die Function __u__ nimmt also in unmittelbarer Nähe der Unstetigkeitsstelle noch jeden Werth an_. Zur näheren Orientirung denken wir uns einen Augenblick *r* und [formula] als unbegränzte Veränderliche, setzen also

[formula]

Wir erhalten dann ein Büschel von Kreisen, welche alle die feste Richtung [formula] berühren. Die Kreise sind um so kleiner, je grösser der absolute Betrag von Const. genommen wird. *In ähnlicher Weise verlaufen daher die Curven* [formula] *Const. in der Nähe der Unstetigkeitsstelle. Insbesondere haben sie für sehr grosse positive oder negative Werthe von Const. die Gestalt kleiner, geschlossener, kreisähnlicher Ovale.*—Für den imaginären Theil des Ausdrucks rechter Hand und also die Curven [formula] Const. gilt eine ähnliche Discussion. Der Unterschied ist nur der, dass jetzt die Richtung [formula] von allen Curven berührt wird. Hiernach wird die folgende Figur, in welcher die Niveaucurven wieder punctirt, die Strömungscurven ausgezogen sind, verständlich sein:

[Illustration: Figur 4.]

Figur 4.

Die analoge Discussion liefert vom [formula]-fachen algebraischen Unstetigkeitspuncte die erforderliche Anschauung. Ich will hier nur das Resultat anführen: *Jede Curve* [formula] *Const. läuft* [formula]*-mal durch den Unstetigkeitspunct hindurch, indem sie der Reihe nach* [formula] *feste, gleich stark gegen einander geneigte Tangenten berührt. Analog die Curven* [formula]_ Const. Für sehr grosse (positive oder negative) Werthe der Constante sind beiderlei Curven in__ unmittelbarer Nähre der Unstetigkeitsstelle geschlossen_. Ich gebe zur Veranschaulichung eine Figur für [formula]:

[Illustration: Figur 5.]

Figur 5.

Man wird vermuthen, dass diese höheren Vorkommnisse aus den niederen durch Gränzübergang entstehen mögen. Ich verschiebe die betreffende Erläuterung bis zum folgenden Paragraphen, wo uns eine bestimmte Functionsclasse die erforderlichen Anschauungen mit Leichtigkeit vermitteln wird.

§. 3. Rationale Functionen und ihre Integrale. Entstehung höherer Unendlichkeitspuncte aus niederen.

Die entwickelten Sätze genügen, um den Gesammtverlauf solcher Functionen zu veranschaulichen, die, übrigens in der ganzen Ebene eindeutig, keine anderen Unendlichkeitspuncte aufweisen, als die eben betrachteten. Es sind diess, wie man weiss, *die rationalen Functionen und ihre Integrale.* Ohne ausgeführte Zeichnungen zu geben, stelle ich hier die Sätze, welche man bei ihnen betreffs der Kreuzungspuncte und Unendlichkeitspuncte findet, in knapper Form zusammen. Ich beschränke mich dabei, aus dem oben angegebenen Grunde, auf solche Fälle, in denen [formula] keinerlei ausgezeichnete Rolle spielt. Die hierin liegende Beschränkung wird hinterher, wie bereits angedeutet, von selbst in Wegfall kommen.

1) Die rationale Function, welche wir zu betrachten haben, stellt sich in der Form dar:

[formula]

wo [formula] und [formula] ganze Functionen desselben Grades sind, die ohne gemeinsamen Theiler angenommen werden können. Ist dieser Grad der [formula] und zählt man jeden algebraischen Unendlichkeitspunct so oft, als seine Multiplicität anzeigt, so erhält man, den Wurzeln von [formula] entsprechend, *n* algebraische Unstetigkeitspuncte. Die Kreuzungspuncte sind durch [formula], eine Gleichung [formula] Grades, gegeben. *Die Gesammtmultiplicität der Kreuzungspuncte ist also* [formula], wobei man aber beachten muss, dass jede [formula]-fache Wurzel von [formula] eine [formula]-fache Wurzel von [formula] ist und also jeder [formula]-fache Unendlichkeitspunct der Function für [formula] Kreuzungspuncte mitzählt.

2) Soll das Integral einer rationalen Function

[formula]

für [formula] endlich bleiben, so muss der Grad von [formula] um zwei Einheiten kleiner sein als der Grad von [formula]. [formula] und [formula] sollen dabei ohne gemeinsamen Theiler angenommen werden. Dann liefert [formula] *die freien Kreuzungspuncte*, d. h. diejenigen Kreuzungspuncte, welche nicht mit Unendlichkeitspuncten zusammenfallen. Die Wurzeln von [formula] geben die Unendlichkeitspuncte des Integrals. Und zwar entspricht der einfachen Wurzel von [formula] ein logarithmischer Unendlichkeitspunct, der Doppelwurzel ein Unendlichkeitspunct, der im Allgemeinen die Ueberlagerung eines logarithmischen Unstetigkeitspunctes mit einem einfachen algebraischen sein wird, etc. *Wenn man dementsprechend jeden Unendlichkeitspunct so oft zählt, als die Multiplicität des entsprechenden Factors in* [formula] *beträgt, so ist die Gesammtmultiplicität der Kreuzungspuncte um zwei Einheiten geringer als die der Unendlichkeitspuncte.* Uebrigens sei noch an den bekannten Satz erinnert, dass die Summe der logarithmischen Residua sämmtlicher Unstetigkeitspuncte gleich Null ist.—

Das Vorstehende gibt uns eine zweifache Möglichkeit, um höhere Unstetigkeitspuncte aus niederen entstehen zu lassen. Wir können einmal—und diess ist für uns das Wichtigste—vom Integral der rationalen Function ausgehen. Bei ihm entsteht ein [formula]-facher algebraischer Unstetigkeitspunct, wenn [formula] Factoren von [formula] einander gleich werden, *wenn also* [formula] *logarithmische Unstetigkeitspuncte in geeigneter Weise zusammenrücken.* Dabei ist deutlich, dass die Residuensumme der letzteren gleich Null sein muss, wenn der entstehende Unendlichkeitspunct ein rein algebraischer sein soll. Die folgenden beiden Figuren, in denen nur die Strömungscurven angegeben sind, erläutern den betreffenden Gränzübergang für den einfachen algebraischen Unstetigkeitspunct der Figur (4):

[Illustration: Fig. 6.]

Fig. 6.

[Illustration: Fig. 7.]

Fig. 7.

Ich habe dabei die Anordnung in doppelter Weise getroffen, so dass linker Hand zwei Quellenpuncte, rechter Hand zwei Wirbelpuncte einander nahe gerückt scheinen und Figur 4 als übereinstimmendes Resultat des Gränzüberganges in beiden Fällen erscheint. In derselben Beziehung stehen die folgenden beiden Zeichnungen zu Figur 5:

[Illustration: Fig. 8.]

Fig. 8.

[Illustration: Fig. 9.]

Fig. 9.

Die zweite Möglichkeit für das Entstehen höherer Unendlichkeitsstellen aus niederen bietet die Betrachtung der rationalen Function [formula] selbst. Logarithmische Unendlichkeitsstellen bleiben dabei ausgeschlossen. *Der* [formula]*-fache algebraische Unstetigkeitspunct entsteht jetzt aus* [formula] *einfachen algebraischen Unstetigkeitspuncten*, indem nämlich [formula] einfache lineare Factoren von [formula] zu einem [formula]-fachen zusammenrücken müssen. *Aber zugleich vereinigt sich mit ihnen eine Anzahl von Kreuzungspuncten, deren Gesammtmultiplicität* [formula] *beträgt.* Denn [formula] erhält, wie schon bemerkt, in demselben Augenblicke, wo [formula] den [formula]-fachen Factor bekommt, einen [formula]-fachen Factor. Die folgende Figur erläutert in diesem Sinne das Entstehen des in Figur 5 abgeleiteten zweifachen algebraischen Unendlichkeitspunctes:

[Illustration: Fig. 10.]

Fig. 10.

Es ist natürlich leicht, diese beiden Arten des Gränzüberganges unter eine allgemeinere gemeinsam zu subsumiren. Wenn man [formula] logarithmische Unendlichkeitspuncte und [formula] Kreuzungspuncte successive oder gleichzeitig zusammenfallen lässt, so wird allemal ein [formula]-facher algebraischer Unstetigkeitspunct entstehen. Doch ist hier nicht der Ort, um diese Gedanken weiter auszuführen.

§. 4. Realisation der betrachteten Strömungen auf experimentellem Wege.

Wir wollen unserer Betrachtung nunmehr eine andere Wendung geben, indem wir uns fragen, wie diejenigen Bewegungsformen, die wir jetzt von den rationalen Functionen und ihren Integralen kennen, physikalisch realisirt werden mögen. Dabei sei es gestattet, von dem Princip der *Ueberlagerung* ausgiebigen Gebrauch zu machen, so dass es sich nur um Herstellung der allereinfachsten Bewegungsformen handelt. Aus der Theorie der Partialbrüche folgt, dass man jede der in Betracht kommenden Functionen aus einzelnen Bestandtheilen additiv zusammensetzen kann, welche sich unter einen der folgenden beiden Typen subsumiren:

[formula]

Da [formula] bei [formula] einen Unstetigkeitspunct hat, was eine unnöthige Besonderheit ist, so wollen wir den ersten Typus durch den allgemeineren ersetzen:

[formula]

und diesen selbst wieder, entsprechend den Erläuterungen des §. 2, in zwei Bestandtheile zerspalten, indem wir nämlich *A* gleich A + _i_B setzen und nun A [formula] und _i_B [formula] gesondert betrachten. Hiernach haben wir im Ganzen drei Fälle auseinanderzuhalten.

1) Wenn es sich um den Typus A [formula] handelt, so haben wir bei [formula] eine Quelle von der Ergiebigkeit *2* A [formula], bei [formula] eine solche von der Ergiebigkeit [formula] A [formula] anzubringen. Man denke sich zu dem Zwecke die [formula]-Ebene mit einer unendlich dünnen, gleichförmigen, elektricitätsleitenden Schicht überdeckt. Dann wird die entsprechende Bewegungsform offenbar realisirt, *indem wir bei* [formula] *den einen, bei* [formula] *den anderen Pol einer galvanischen Batterie von zweckmässig gewählter Stärke aufsetzen*(2).—Man sieht zugleich, wesshalb das Residuum von [formula] demjenigen von [formula] entgegengesetzt gleich sein muss: da der

Strömungszustand stationär sein soll, muss an der einen Stelle ebenso viel Elektricität zugeführt werden, als an der anderen abströmt. Derselbe Grund gilt, wie man sofort erkennt, für den entsprechenden Satz bei beliebig vielen logarithmischen Unendlichkeitspuncten, wobei allerdings zunächst nur von den rein imaginären Theilen der betreffenden Residua die Rede ist (welche den von den Unendlichkeitspunkten ausgehenden Quellenbewegungen entsprechen).

2) Im zweiten Falle (wo _i_B [formula] gegeben ist) wird die experimentelle Anordnung etwas schwieriger. Das einfachste Schema ist dieses, dass man [formula] und [formula] durch eine sich selbst nicht schneidende Curve verbindet *und nun dafür sorgt, dass diese Curve der Sitz einer constanten elektromotorischen Kraft sei.* Es entwickelt sich dann in der [formula]-Ebene eine Strömung, welche bei [formula] und [formula] Wirbelpunkte aufweist, welche überall sonst stetig verläuft, und aus der man durch Integration als zugehöriges Geschwindigkeitspotential eine Function findet, welche bei jeder Umkreisung von [formula] oder [formula] um einen gewissen Periodicitätsmodul wächst. Von diesem Geschwindigkeitspotential ist dabei das nothwendig eindeutige elektrostatische Potential wohl zu unterscheiden. Die Curve, welche [formula] und [formula] verbindet, ist für das letztere eine Unstetigkeitscurve, und wird eben hierdurch die Eindeutigkeit des elektrostatischen Potentials ermöglicht(3).

[Illustration: Fig. 11.]

Fig. 11.

Ich weiss nicht, ob es eine experimentelle Anordnung giebt, um dieses einfachste Schema zu realisiren. Es scheint, dass man umständlicher zu Werke gehen muss. Denken wir zuvörderst etwa an *thermoelektrische* Ströme. Wir wollen die [formula]-Ebene zum Theil mit dem Materiale I, zum Theil mit dem Materiale II überdecken und die Stärke der überdeckenden Schichten dabei so bemessen, dass der specifische Leitungswiderstand überall derselbe sei. Wenn wir dann dafür sorgen, dass die beiden durch [formula] und [formula] von einander getrennten Theile der Contour, in welcher die zweierlei Materialien zusammenstossen, beide auf constanten, unter sich verschiedenen Temperaturen gehalten werden, so wird in der That eine elektrische Strömung entstehen, wie wir sie haben wollen. Dabei weist das elektrostatische Potential, nach den Vorstellungen, die man der Lehre von der Thermoelektricität zu Grunde legt, an *beiden* Theilen der genannten Contour Unstetigkeiten auf.—Noch complicirter scheint es, elektrische Ströme zu benutzen, wie sie die gewöhnlichen galvanischen Elemente liefern. Man muss die Ebene dann durch mindestens drei Curven, welche von [formula] nach [formula] verlaufen, in Theile zerlegen und zwei dieser Theile mit metallischen Belegen, den dritten mit einem feuchten Leiter überdecken. Man vergleiche hierzu die Figur 12.

[Illustration: Fig. 12.]

Fig. 12.

Durch alle diese Anordnungen hindurch ist von Vorne herein ersichtlich, dass die beiden bei [formula] und [formula] auftretenden Wirbelpuncte in der That entgegengesetzt gleiche Intensität haben müssen. Aus ähnlichen Gründen wird die Gesammtintensität sämmtlicher Wirbel bei beliebig vielen gegebenen Wirbelpuncten immer gleich Null sein, und ist dadurch der Satz von dem Verschwinden der Summe aller logarithmischen Residuen, auch was den reellen Theil dieser Residuen angeht, auf physikalisch evidente Gründe zurückgeführt.

3) Die Bewegungsformen, welche den algebraischen Typen [formula] entsprechen, mögen den Entwickelungen des §. 3 zufolge aus den eben betrachteten durch Grenzübergang gewonnen werden. Es wird diess natürlich nur mit einer gewissen Annäherung geschehen können. Man setze z. B. [formula] Drähte, in welche die Pole einer galvanischen Batterie auslaufen, *dicht bei einander* auf die [formula]-Ebene auf. Dann entsteht eine Strömung, welche in einiger Entfernung von den Drahtenden mit derjenigen merklich zusammenfällt, welche einem algebraischen Unstetigkeitspunkte von der Multiplicität [formula] entspricht. Zugleich ergiebt sich eine Ergänzung unserer obigen Darstellung. Man wird die galvanische Batterie *sehr stark* nehmen müssen, wenn bei der erwähnten Anordnung noch eine mittlere elektrische Strömung zu Stande kommen soll. Es entspricht diess dem von analytischer Seite wohlbekannten Satze, dass die Residua logarithmischer Unendlichkeitspuncte selbst in's Unendliche wachsen müssen, wenn beim Zusammenfallen der logarithmischen ein algebraischer Unstetigkeitspunkt entstehen soll.—Ich gehe hier in kein weiteres Detail, da es im Folgenden allein darauf ankommt, dass auf Grund der Figuren 6-9 das allgemeine Princip verstanden wird.

§. 5. Uebergang zur Kugelfläche, Strömungen auf beliebigen krummen Flächen.

Um die unendlich grossen Werthe von z derselben geometrischen Behandlungsweise zugänglich zu machen, wie die endlichen, bedient man sich in den Lehrbüchern jetzt allgemein der *Kugelfläche*(*4*), welche stereographisch auf die [formula]-Ebene bezogen ist. Man kennt die einfachen geometrischen Beziehungen, welche bei dieser Abbildung auftreten(5). Man weiss auch zur Genüge, dass das Unendlich-Weite der Ebene sich in einen bestimmten Punct der Kugel, den Projectionspunct, zusammenzieht, so dass es keine symbolische Ausdrucksweise mehr ist, wenn man auf der Kugel von einem Puncte [formula] spricht. Dagegen scheint es noch immer weniger bekannt zu sein, dass bei dieser Abbildung die Functionen von [formula] eine Bedeutung für die Kugelfläche gewinnen, welche derjenigen, die sie für die Ebene hatten, genau analog ist, *dass man also in den Entwickelungen der vorangehenden Paragraphen statt der Ebene die Kugel gebrauchen kann, wobei von einer Sonderstellung des Werthes* [formula] *von vorne herein keine Rede ist*(6): Ich entwickele hier kurz diejenigen Sätze der Flächentheorie, aus denen diese Behauptung folgt, und nehme meinen Standpunct dabei gleich so allgemein, dass meine Darstellung für später anzustellende Betrachtungen ausreicht.

Indem wir Flüssigkeitsbewegungen parallel der [formula]-Ebene studirten, haben wir uns bereits gewöhnt, die Flüssigkeitsschicht, welche der Betrachtung unterliegt, als unendlich dünn vorauszusetzen. In demselben Sinne kann man Flüssigkeitsbewegungen offenbar auf beliebig gegebenen Flächen betrachten. Die Verschiebungen frei ausgespannter Flüssigkeitsmembranen in sich, wie man sie bei den Plateau'schen Versuchen so schön beobachten kann, geben ein anschauliches Beispiel dafür.—Wir werden versuchen, auch derartige Bewegungen durch ein Potential zu definiren, und vor allen Dingen fragen, welche Bewandniss es dann mit den stationären Bewegungen hat.

Die zweckmässige Verallgemeinerung des Potentialbegriffs bietet sich unmittelbar. Es sei *u* eine Function des Ortes auf der Fläche, so denke man sich auf letzterer die Curven [formula] Const. gezogen. Sodann werde festgesetzt, dass die Flüssigkeitsbewegung auf der Fläche in jedem Punkte *senkrecht* gegen die hindurchgehende Curve [formula] Const. stattfinden solle, und zwar mit einer Geschwindigkeit, die, unter [formula] das Bogenelement der zugehörigen, auf der Fläche verlaufenden Normalrichtung verstanden, gleich [formula] ist. Wir nennen dann *u*, wie in der Ebene, das zur Bewegung gehörige *Geschwindigkeitspotential.*

Die in solcher Weise definirte Strömung soll nun eine *stationäre* sein. Um eine bestimmte Formel zu haben, wollen wir ein krummliniges Coordinatensystem *p*, *q* auf unserer Fläche annehmen und uns die Form bestimmt denken:

[formula]

welche vermöge dieses Coordinatensystems das Bogenelement auf der Fläche annimmt. Dann gibt eine einfache Zwischenbetrachtung, welche der in der Ebene üblichen durchaus analog verläuft, dass *u*, um eine stationäre Bewegung zu veranlassen, der folgenden Differentialgleichung zweiter Ordnung genügen muss:

[formula]

An diese Differentialgleichung knüpft nun eine kurze Ueberlegung, welche die volle Analogie mit den auf die Ebene bezüglichen Resultaten herstellt.

Es ergiebt sich nämlich aus der Form von (2); dass man neben jedem *u*, welches (2) genügt, eine andere Function *v* einführen kann, _die zu __u__ genau in dem bekannten Reciprocitätsverhältnisse steht_. In der That, vermöge (2) sind die folgenden beiden Gleichungen verträglich:

[formula]

sie definiren ein *v* bis auf eine nothwendig unbestimmt bleibende Constante. Aus ihnen aber folgt durch Auflösung:

[formula]

und hieraus:

[formula]

so dass einmal *u* sich zu *v* verhält, wie *v* zu [formula], und andererseits *v*, so gut wie *u*, der partiellen Differentialgleichung (2) genügt. Zugleich haben die Gleichungen (3), bez. (4), die geometrische Bedeutung, dass die Curven *u* = Const. und *v* = Const. einander im Allgemeinen rechtwinkelig schneiden.

Was nun die Behauptung betrifft, die ich hinsichtlich der stereographischen Beziehung der Kugel auf die Ebene zu Eingang dieses Paragraphen voranstellte, so ist sie ein unmittelbarer Ausfluss aus dem Umstande, *dass die Gleichungen* [formula]_ in __E__, __F__, __G__ homogen von der nullten Dimension sind_(7). Wenn zwei Flächen conform auf einander bezogen sind und man führt auf ihnen entsprechende krummlinige Coordinaten ein, so unterscheidet sich der Ausdruck für das Bogenelement auf der einen Fläche von dem auf die andere Fläche bezüglichen nur durch einen Faktor. Dieser Factor aber fällt aus dem angegebenen Grunde aus den Gleichungen (2)—(5) einfach heraus. Wir haben also einen allgemeinen Satz, der die besondere auf Kugel und Ebene bezügliche, oben ausgesprochene Behauptung als speciellen Fall umfasst. Indem ich aus *u*, *v* die Combination [formula] bilde und diese als *complexe Function des Ortes auf der Fläche* bezeichne, spricht sich derselbe folgendermassen aus:

Wird eine Fläche conform auf eine zweite abgebildet, so verwandelt sich jede auf ihr existirende complexe Function des Ortes in eine Function derselben Art auf der zweiten Fläche.

Vielleicht ist es nützlich, ausdrücklich einem Missverständnisse entgegenzutreten, welches hierbei entstehen könnte. Derselben Function [formula] entspricht eine Flüssigkeitsbewegung auf der einen und auf der anderen Fläche; man könnte meinen, dass die eine Bewegung vermöge der Abbildung aus der anderen hervorgehe. Dies ist natürlich richtig mit Bezug auf den Verlauf der Strömungscurven und der Niveaucurven, keineswegs aber in Bezug auf die Geschwindigkeit. Wo das Bogenelement der einen Fläche grösser ist, als das Bogenelement der anderen Fläche, da ist die Geschwindigkeit der Strömung entsprechend *kleiner.* Hierin eben liegt es, dass der Werth [formula] auf der Kugel seine singuläre Stellung verliert. Für den Unendlichkeitspunct der Ebene erweist sich die Geschwindigkeit der Strömung, wie man sofort sieht, im Allgemeinen als unendlich klein von der zweiten Ordnung. Sollte der Unendlichkeitspunkt singulär sein, so wird die Geschwindigkeit dort allemal um zwei Ordnungen kleiner, als die Geschwindigkeit in einem gleichzubenennenden Punkt des Endlichen. Man erinnere sich nun der oben (unter dem Texte) mitgetheilten Formel:

[formula]

welche das Bogenelement der Kugel zum Bogenelement der Ebene in Beziehung setzt. Hier ist [formula] eben auch eine Grösse zweiter Ordnung, und es findet daher beim Uebergange zur Kugel genaue Compensation statt.

§. 6. Zusammenhang der entwickelten Theorie mit den Functionen eines complexen Argumentes.

Nun wir die Kugel als Substrat unserer Betrachtungen gewonnen haben, übertragen wir auf sie, was wir in den §§. 3 und 4 betreffs rationaler Functionen und ihrer Integrale haben kennen lernen. Wir gewinnen dadurch, dass alle früher aufgestellten Sätze auch für unendlich grosses z und somit ausnahmslos gelten. Um so interessanter wird es, sich auf der Kugel den Verlauf bestimmter rationaler Functionen zu überlegen und über die Mittel zu ihrer physikalischen Realisirbarkeit nachzudenken(8). Aber es ist eine andere wichtige Frage, welche sich bei solchen Untersuchungen aufdrängt. Die verschiedenen Functionen des Ortes, welche wir auf der Kugelfläche studiren, sind zugleich Functionen des *Argumentes* [formula]. Woher dieser Zusammenhang?

Man wolle vor allen Dingen bemerken, dass [formula] selbst eine complexe Function des *Ortes* auf unserer Kugel ist; genügen doch x und y, für u und v eingesetzt, den früher (§. 1) für letztere aufgestellten Differentialgleichungen. So lange man in der Ebene operirt, könnte man denken, dass diese Function vor den übrigen etwas Wesentliches voraus habe; nach dem Uebergange zur Kugel ist hierzu keine Veranlassung mehr. Und in der That verallgemeinert sich die Bemerkung, auf die sich unsere Frage bezieht, sofort. Wenn [formula] und [formula] Functionen von [formula] sind, so ist auch [formula] eine Function von [formula] Wir haben also für Ebene und Kugelfläche den allgemeinen Satz: *dass von zwei complexen Functionen des Ortes im Sinne der gewöhnlichen functionentheoretischen Ausdrucksweise jede eine Function der anderen ist.*

Wird dieses nun eine besondere Eigenthümlichkeit der genannten Flächen sein? Sicher wird sich dieselbe auf alle solche Flächen übertragen, die man auf einen Theil der Ebene (oder der Kugel) conform beziehen kann. Diess folgt aus dem letzten Satze des vorigen Paragraphen. Ich sage aber, *dass dieselbe Eigenthümlichkeit überhaupt allen Flächen zukommt*, womit implicite behauptet wird, dass man einen Theil einer *beliebigen* Fläche auf die Ebene oder die Kugelfläche conform übertragen kann.

Der Beweis gestaltet sich unmittelbar, wenn man die Bestandteile [formula] irgend einer auf einer Fläche existirenden complexen Function des Ortes, [formula], auf der Fläche selbst als krummlinige Coordinaten einführt. Dann müssen nämlich die Coëfficienten E, F, G in dem Ausdrucke des Bogenelementes so beschaffen werden, dass Identitäten entstehen, wenn man in die Gleichungen (2)-(5) des vorigen Paragraphen für p und q und gleichzeitig für u und v bez. x und y einführt. *Diess bedingt, wie man sofort ersieht, dass* [formula], [formula] *wird.* Hierdurch aber verwandeln sich jene Gleichungen in die wohlbekannten:

[formula]

Sie gehen also direct in jene Gleichungen über, durch welche man Functionen des Argumentes [formula] zu definiren pflegt, so dass [formula] in der That eine Function von [formula] wird, was zu beweisen war.

Zugleich erledigt sich, was hinsichtlich conformer Abbildung behauptet wurde. Denn ans der Form des Bogenelementes

[formula]

folgt unmittelbar, dass unsere Fläche durch [formula] auf die [formula]-Ebene conform übertragen wird. Ich will dieses Resultat in etwas allgemeinerer Form aussprechen, indem ich sage:

Wenn man auf zwei Flächen zwei complexe Functionen des Ortes kennt, und man bezieht die Flächen so aufeinander, dass entsprechende Puncte respective gleiche Functionswerthe aufweisen, so sind die Flächen conform auf einander bezogen.

Es ist dies die Umkehr des ähnlich lautenden am Schlusse des vorigen Paragraphen aufgestellten Satzes.

Alle diese Theoreme haben, soweit sie sich auf beliebige Flächen beziehen, für's Erste nur dann einen klaren Sinn, wenn man seine Aufmerksamkeit auf kleine Stücke der Flächen beschränkt, innerhalb deren die complexen Functionen des Ortes weder Unendlichkeitspuncte noch Kreuzungspuncte aufweisen. Ich habe desshalb gelegentlich auch nur von einem Flächen_theile_ gesprochen. Aber es liegt nahe, zu fragen, wie sich die Verhältnisse gestalten, wenn man geschlossene Flächen *in ihrer ganzen Ausdehnung* benutzt. Diese Frage ist mit der weiteren Ideenentwickelung, die ich im folgenden zu geben habe, auf das Innigste verknüpft; ihr speciell sind die §§. 19—21 des Folgenden gewidmet.

§. 7. Noch einmal die Strömungen auf der Kugel. Riemann's allgemeine Fragestellung.

Wir haben nunmehr alle Vorbedingungen, um die Entwickelungen der ersten Paragraphen dieser Einleitung in wesentlich neuer Weise aufzufassen und uns vermöge dieser Auffassung zu einer grossen und allgemeinen Fragestellung zu erheben, welche die *Riemann'sche* ist, und deren Präcisirung und Beantwortung den eigentlichen Gegenstand der gegenwärtigen
Schrift zu bilden hat.

Das Primäre bei der bisherigen Darstellung bildete die Function von [formula]. Wir haben dieselbe durch eine stationäre Strömung auf der Kugel gedeutet, und uns bemüht, Eigenschaften der Function in solchen der Strömung wieder zu erkennen. Insbesondere haben uns die rationalen Functionen und ihre Integrale mit einer einfachen Art von Strömungen bekannt gemacht: es sind die *einförmigen* Strömungen, diejenigen, bei denen in jedem Puncte der Kugel nur *eine* Strömung statt hat. Und zwar sind es unter der Voraussetzung, dass keine anderen Unstetigkeitspuncte statt haben, als die in §. 2 definirten, die *allgemeinsten* einförmigen Strömungen, welche es auf der Kugel gibt.

Es scheint von Vorneherein möglich, diese ganze Entwickelung umzukehren: *das Studium der Strömungen voranzustellen und aus ihm erst die Theorie gewisser analytischer Functionen zu entwickeln.* Die Frage nach der allgemeinsten in Betracht kommenden Strömung mag dann vorab durch physikalische Betrachtungen beantwortet werden; geben uns doch die experimentellen Anordnungen des §. 4 zusammen mit dem Princip der Ueberlagerung das Mittel, um jede derartige Strömung zu definiren! Die einzelne Strömung bestimmt uns sodann, von einer Integrationsconstante abgesehen, eine complexe Function des Ortes, deren allgemeinen Verlauf wir anschauungsmässig verfolgen können. Jede solche Function ist eine analytische Function jeder anderen. Indem wir irgend zwei complexe Functionen des Ortes zusammenstellen, werden wir zu analytischen Abhängigkeiten hingeführt, deren Eigenschaften wir von Vorneherein übersehen und die wir erst hinterher, um den Zusammenhang mit den Betrachtungen der Analysis herzustellen, mit sonst in der Analysis üblichen Abhängigkeiten identificiren.

Alles dieses ist so deutlich, dass eine genauere Ausführung hier überflüssig erscheint, dass wir vielmehr sofort zu der in Aussicht gestellten *Verallgemeinerung* schreiten können. Auch diese bietet sich auf Grund der bisherigen Entwickelungen fast mit Nothwendigkeit. Wir werden alle die

Fragen, welche wir gerade hinsichtlich der Kugelfläche formulirten, in gleicher Weise aufwerfen können, *wenn statt der Kugelfläche eine beliebige geschlossene Fläche gegeben ist.* Auch auf ihr werden wir einförmige Strömungen und also complexe Functionen des Ortes bestimmen können, deren Eigenschaften wir anschauungsmässig erfassen. Die gleichzeitige Betrachtung verschiedener Functionen des Ortes verwandelt hernach die zu gewinnenden Ergebnisse in ebenso viele Lehrsätze der gewöhnlichen Analysis.—Die Ausführung dieses Gedankenganges ist *die Riemann'sche Theorie*; zugleich haben wir die Haupteintheilung, welche bei der folgenden Exposition derselben zu Grunde zu legen ist.

ABSCHNITT II. EXPOSITION DER RIEMANN'SCHEN THEORIE.

§. 8. Classification geschlossener Flächen nach der Zahl *p*.(9)

Für unsere Betrachtungen sind selbstverständlich alle diejenigen geschlossenen Fächen als aequivalent aufzufassen, die sich durch eindeutige Zuordnung conform auf einander abbilden lassen. Denn jede complexe Function des Ortes auf der einen Fläche wird sich bei einer solchen Abbildung in eine ebensolche Function auf der anderen Fläche verwandeln: die analytische Beziehung also, welche durch das Zusammenbestehen zweier complexer Functionen auf der einen Fläche versinnlicht wird, bleibt beim Uebergange zur zweiten Fläche durchaus ungeändert. Wenn man also z. B. (zufolge bekannter Entwickelungen) das Ellipsoid derart conform auf die Kugel beziehen kann, dass jedem Puncte desselben ein und nur ein Kugelpunct entspricht, so heisst diess für uns, dass das Ellipsoid ebenso geeignet ist, die rationalen Functionen und ihre Integrale zu repräsentiren, wie die Kugel.

Um so wichtiger ist es, ein Element kennen zu lernen, welches nicht nur bei conformer, sondern überhaupt bei *eindeutiger* Umgestaltung einer Fläche ungeändert erhalten bleibt(10). _Es ist diess das __Riemann__'sche p:_ die Zahl der Rückkehrschnitte, welche man auf einer Fläche ziehen kann, ohne sie zu zerstücken. Die einfachsten Beispiele genügen, um diesen Begriff einzuüben. Für die Kugel ist [formula]; denn sie zerfällt durch jede auf ihr verlaufende geschlossene Curve, in zwei getrennte Bereiche. Für den gewöhnlichen Ring ist [formula], man kann ihn längs einer, aber auch nur längs einer, übrigens noch sehr willkürlichen, in sich zurücklaufenden Curve zerschneiden, ohne dass er in Stücke zerfällt.

Dass es unmöglich ist, zwei Flächen von verschiedenem *p* eindeutig auf einander zu beziehen, scheint evident(11). Complicirter ist es, den umgekehrten Satz zu beweisen, _dass nämlich die Gleichheit des __p__ die hinreichende Bedingung für die Möglichkeit der eindeutigen Beziehung zweier Flächen abgibt_. Ich muss mich, was den Beweis dieses wichtigen Satzes angeht, an dieser Stelle auf blosse Citate unter dem Texte beschränken(12). Auf Grund desselben ist man berechtigt, bei Untersuchungen über geschlossene Flächen, so lange nur allgemeine Lagenverhältnisse in Betracht kommen, für jedes *p* einen möglichst einfachen Typus zu Grunde zu legen. In diesem Sinne wollen wir von *Normalflächen* sprechen. Für quantitative Bestimmungen reichen die Normalflächen natürlich in keiner Weise mehr aus; aber sie bieten auch für sie ein Mittel zur Orientirung.

Die Normalfläche für [formula] sei die Kugel, für [formula] der Ring. Bei höherem p mag man sich eine Kugel mit p Anhängseln (Handhaben) versehen denken, wie folgende Figur für [formula] aufweist: (see figure 14)

[Illustration: Fig. 14.]

Fig. 14.

Eine ähnliche Normalfläche ist natürlich auch bei [formula] statthaft, wie überhaupt man sich diese Flächen nicht als starr gegeben, sondern als beliebiger Verzerrungen fähig denken muss.

Auf diesen Normalflächen mögen nun gewisse *Querschnitte*, von denen wir im Folgenden Gebrauch zu machen haben, festgelegt werden. Bei [formula] kommen dieselben noch nicht in Betracht. Auf dem Ringe [formula] mag eine \quotedblbase Meridiancurve" A, verbunden mit einer "Breitencurve" B das Querschnittsystem bilden:

[Illustration: Fig. 15.]

Fig. 15.

Allgemein gebrauchen wir [formula] Querschnitte. Es wird, denke ich, mit Rücksicht auf die folgende Figur verständlich sein, wenn ich bei der einzelnen Handhabe unserer Normalfläche von einer Meridiancurve und einer
Breitencurve rede:

[Illustration: Fig. 16.]

Fig. 16.

Wir wählen die [formula]_ Querschnitte derart, dass wir um jede der __p__ Handhaben eine Meridiancurve und cinc Brcitencurve herumlegen._ Wir wollen diese Querschnitte der Reihe nach mit [formula], [formula], [formula], beziehungsweise [formula], [formula], [formula] bezeichnen.

§. 9. Vorläufige Bestimmung stationärer Strömungen auf beliebigen Flächen.

Wir haben uns nun mit der Aufgabe zu beschäftigen, auf beliebigen (geschlossenen) Flächen die allgemeinsten einförmigen, stationären Strömungen mit Geschwindigkeitspotential zu definiren, immer unter der Voraussetzung, dass keine anderen Unendlichkeitspuncte zugelassen werden sollen, als die in §. 2 genannten(13). Zu dem Zwecke richten wir unsere Ideen auf die Normalflächen des vorigen Paragraphen und benutzen übrigens wieder Vorstellungen der Elektricitätslehre. Die gegebene Fläche denken wir uns mit einem unendlich dünnen gleichförmigen Ueberzuge einer leitenden Substanz versehen, und wenden zunächst diejenigen experimentellen Mittel an, die uns von §. 3 her bekannt sind. Wir werden also zuvörderst etwa die beiden Pole einer galvanischen Batterie auf unsere Fläche an zwei beliebigen Stellen aufsetzen: es entsteht dann eine Strömung, welche diese beiden Stellen als Quellenpuncte von entgegengesetzt gleicher Ergiebigkeit besitzt. Wir werden sodann zwei beliebige Puncte der Fläche durch eine oder mehrere, neben einander herlaufende, sich selbst nicht schneidende Curven verbinden, welche der Sitz constanter elektromotorischer Kräfte sein sollen,—wobei man sich alles Dessen erinnern mag, was in §. 4 betreffs der dann nothwendig werdenden experimentellen Anordnung gesagt wurde. Wir erhalten dann eine stationäre Bewegung, für welche die beiden Puncte Wirbelpuncte von entgegengesetzt gleicher Intensität sind.—Wir werden ferner verschiedene solche Bewegungsformen überlagern und endlich, wenn es nöthig scheint, getrennte Unendlichkeitspuncte durch Gränzübergang zu höheren Unendlichkeitspuncten zusammenfallen lassen. Alles das gestaltet sich genau so, wie auf der Kugel, und wir haben also jedenfalls den folgenden Satz:

Wenn man die Art der Unendlichkeitsstellen nach Anleitung des §. 2 *beschränkt, wenn man ferner daran festhält, dass die Summe sämmtlicher logarithmischer Residua allemal gleich Null sein muss, so existiren auf unserer Fläche complexe Functionen des Ortes, welche an beliebig gegebenen Stellen in übrigens beliebig gegebener Weise unendlich werden und überall sonst stetig verlaufen.*

Mit den so bestimmten Functionen ist nun aber, für [formula], die Sache noch keineswegs erschöpft. Wir können nämlich eine experimentelle Anordnung treffen, für welche auf der Kugel noch keinerlei Möglichkeit gegeben war. Es gibt jetzt auf der Fläche in sich zurücklaufende Curven, vermöge deren die Fläche keineswegs in getrennte Bereiche zerlegt wird. Nichts steht im Wege, dass die Elektricität von der einen Seite einer solchen Curve durch die Fläche hindurch zur anderen Seite derselben hinüberströmt. *Wir werden eine solche Curve, oder auch mehrere neben einander herlaufende Curven dieser Art ebensogut als Sitz constanter elektromotorischer Kräfte betrachten können, wie diess in* §. 4 *mit Curvenzügen geschah, die von einem Endpuncte zu einem zweiten hinlaufen.*

Die Strömungen, welche wir dann erhalten, haben überhaupt keine Unstetigkeiten. Wir werden sie als *überall endliche Strömungen* und die zugehörigen complexen Functionen des Ortes als *überall endliche Functionen* bezeichnen können. Diese Functionen sind nothwendig unendlich vieldeutig. Denn sie erhalten jeweils einen reellen, der angenommenen elektromotorischen Kraft proportionalen Periodicitätsmodul, so oft man die gegebene Curve in demselben Sinne überschreitet(14)

Wir fragen, wie mannigfach die so definirten überall endlichen Strömungen sein mögen. Offenbar sind zwei auf derselben Fläche verlaufende Curven, als Sitz gleich starker elektromotorischer Kräfte betrachtet, für unseren Zweck *aequivalent*, wenn sie sich durch stetige Verschiebung über die Fläche hin zur Deckung bringen lassen. Verzerrt man eine Curve so, dass Curvenstücke auftreten, welche zweimal in entgegengesetzter Richtung durchlaufen werden, so dürfen dieselben einfach weggelassen werden. In Folge dessen beweist man, *dass eine jede geschlossene Curve einer ganzzahligen Combination der Querschnitte* [formula], [formula], *wie diese im vorigen Paragraphen definirt wurden, aequivalent ist.*

[Illustration: Fig. 17.]

Fig. 17.

[Illustration: Fig. 18.]

Fig. 18.

In der That, man verfolge den Weg einer geschlossenen Curve auf unserer Normalfläche(15). Für [formula] wird die Richtigkeit unserer Behauptung dann unmittelbar evident. Es genügt, ein Beispiel zu betrachten, wie es in den vorstehenden Figuren vorliegt.

Die in Figur 17 auf der Ringfläche verlaufende Curve ist mit der anderen, welche rechter Hand gezeichnet ist, durch blosse Verzerrung zur Deckung zu bringen, sie ist also mit einer dreifachen Durchlaufung der Meridiancurve A (vergl. Fig. 15) und einer einfachen Durchlaufung der Breitencurve B aequivalent.—Sei ferner [formula]. So oft dann unsere Curve über eine der p Handhaben verläuft, kann man ein Stück von ihr abtrennen, das sich durch blosse Verzerrung in eine ganzzahlige Verbindung der betreffenden Meridiancurve und der zugehörigen Breitencurve verwandeln lässt. Nach Absonderung aller solcher Bestandtheile bleibt eine geschlossene Curve übrig, die sich entweder unmittelbar in einen einzelnen Punct der Fläche zusammenziehen lässt und also jedenfalls keinen Beitrag zur elektrischen Strömung liefert, oder die eine oder mehrere Handhaben völlig umschliesst, wovon Figur 19 ein Beispiel aufweist:

[Illustration: Fig. 19.]

Fig. 19.

[Illustration: Fig. 20.]

Fig. 20.

Die Figur 20 erläutert, wie man eine solche Curve durch Deformation verändern kann. Durch Fortsetzung des hierdurch angedeuteten Processes verwandelt sie sich in einen Curvenzug, der aus der inneren Randcurve der betreffenden Handhabe und einer zugehörigen Meridiancurve besteht, dessen Stücke aber beide zweimal in entgegengesetzter Richtung durchlaufen werden. Also auch eine solche Curve gibt keinen Beitrag zur Strömung. Man hätte dieses übrigens auch von Vorneherein aus der Bemerkung ersehen können, dass die jetzt betrachtete Curve, gleich einer solchen, die sich in einen Punct zusammenziehen lässt, die gegebene Fläche in getrennte Gebiete zerlegt.

Wir erzielen daher durch Heranziehen beliebiger geschlossener Curven nicht *mehr*, als durch geeignete Benutzung der [formula] Curven [formula], [formula]. Die allgemeinste überall endliche Strömung, welche wir hervorrufen können, wird entstehen, wenn wir jeden der [formula] Querschnitte zum Träger einer beliebigen constanten elektromotorischen Kraft machen. Oder anders ausgedrückt:

Die allgemeinste von uns zu construirende überall endliche Function ist diejenige, deren reeller Theil an den [formula] *Querschnitten beliebig vorgegebene Periodicitätsmoduln aufweist.*

§. 10. Die allgemeinste stationäre Strömung. Beweis für die Unmöglichkeit anderweitiger Strömungen.

Wenn wir die verschiedenen im vorigen Paragraphen construirten complexen Functionen des Ortes additiv zusammenfügen, so erhalten wir eine Function, deren Willkürlichkeit wir sofort übersehen. Indem wir die Bedingungen, die hinsichtlich der Unendlichkeitsstellen ein für allemal vorgeschrieben sind, nicht noch besonders erwähnen, können wir sagen: *dass unsere Function an beliebig gegebenen Stellen in beliebig gegebener Weise unendlich wird und überdiess ihr reeller Theil an den* [formula] *Querschnitten beliebig gegebene Periodicitätsmoduln aufweist.*

Ich sage nun, *dass diess in der That die allgemeinste Function ist, der auf unserer Fläche eine einförmige Strömung entspricht.* Zum Beweise mögen wir diese Behauptung auf eine einfachere reduciren. Ist irgend eine complexe Function der in Betracht kommenden Art auf unserer Fläche gegeben, so haben wir im Vorhergehenden das Mittel, eine zugehörige Function zu construiren, welche an denselben Stellen in derselben Weise unendlich wird, und deren reeller Theil an den Querschnitten [formula], [formula] dieselben Periodicitätsmoduln aufweist, wie der reelle Theil der gegebenen Function. Die Differenz der beiden Functionen ist eine neue Function, welche nirgendwo unendlich wird und deren reeller Theil an den Querschnitten verschwindende Periodicitätsmoduln besitzt, welche überdiess, wie selbstverständlich, wiederum eine einförmige Strömung definirt. *Offenbar haben wir zu beweisen, dass eine solche Function nicht existirt, oder vielmehr, dass sie sich auf eine Constante reducirt.*

Und in der That ist dieser Beweis nicht schwierig. Was eine Durchführung desselben in strenger Form betrifft, so will ich mich darauf beschränken, zu bemerken, dass dieselbe mit Hülfe des verallgemeinerten *Green*'schen Satzes gelingt(16). Die folgenden Betrachtungen sollen auf *anschauungsmässigem Wege* dieselbe Unmöglichkeit darthun. Mag man dieselben wegen der unbestimmten Form, die sie besitzen, vielleicht auch nicht als zwingend erachten(17), so scheint es doch nützlich, auch in dieser Weise den Gründen für das Bestehen jenes Theoremes nachzugehen.

Wir mögen den besonderen Fall [formula] vorweg nehmen und uns also fragen, wesshalb auf der Kugel eine einförmige, überall endliche Strömung unmöglich ist. Das Zweckmässigste scheint es zu sein, den Verlauf der Strömungscurven auf der Kugel zu verfolgen. Da Unendlichkeitspuncte nicht auftreten sollen, so kann eine Strömungscurve nicht plötzlich abbrechen, wie es in einem Quellenpuncte, oder in einem algebraischen Unstetigkeitspuncte geschieht. Ueberdiess halte man vor Augen, dass neben einander herlaufende Strömungscurven nothwendig gleichen Strömungssinn haben. Man erkennt dann, dass nur zweierlei Arten von nicht abbrechenden Strömungscurven möglich sind. Entweder die Curve windet sich, je länger um so enger, um einen asymptotischen Punct—dann haben wir wieder einen Unendlichkeitspunct—, oder die Curve ist geschlossen. Ist aber *eine* Strömungscurve geschlossen, so sind es die nächstfolgenden auch. Dabei schliessen sie einen kleineren und kleineren Theil der Kugelfläche ein. Es kann also nicht fehlen, dass man zu einem Wirbelpuncte, d. h. abermals zu einem Unendlichkeitspuncte geführt wird. Eine überall endliche Strömung ist also in der That unmöglich. Allerdings haben wir der Möglichkeit nicht gedacht, die in dem Auftreten von Kreuzungspuncten liegt. Diese Puncte sind jedenfalls nur, wie oben hervorgehoben, in endlicher Zahl vorhanden. Es wird also nur eine endliche Zahl von Strömungscurven geben, welche durch sie hindurchlaufen. Man denke sich die Kugel durch diese Curven in Gebiete zerlegt und wiederhole innerhalb der einzelnen Gebiete die gerade angestellten Betrachtungen, wobei sich das frühere Resultat von Neuem ergeben wird.

Nehmen wir nun [formula] und legen wieder die Normalflächen des §. 8 zu Grunde. Dass auf diesen Flächen überall endliche, einförmige Strömungen existiren, liegt nach dem gerade Gesagten an dem Auftreten der Handhaben. Eine auf der Normalfläche gezogene geschlossene Curve, die sich in einen Punct zusammenziehen lässt, kann ebensowenig, wie eine geschlossene Curve auf der Kugel, Strömungscurve für eine überall endliche Strömung sein. Aber auch eine Curve, wie wir sie in Figur (19) betrachteten, ist nicht zu brauchen. Denn an eine erste solche Strömungscurve müssen sich weitere schliessen nach Art der in Figur (20) dargestellten,—so dass wir zuletzt zu einer Curve gelangen, deren Theile zweimal in entgegengesetztem Sinne durchlaufen werden! Die Strömungscurve muss also nothwendig sich um die eine oder andere Handhabe *herumwinden*, mag diess ein einfaches Umfassen jener Handhabe sein, oder ein wiederholtes Umkreisen derselben im Sinne der Meridian- oder der Breitencurven. In allen Fällen lässt sich von der

Strömungscurve ein Theil abtrennen, der im Sinne des vorigen Paragraphen mit einer ganzzahligen Combination der betreffenden Meridiancurve und der zugehörigen Breitencurve aequivalent ist. Nun wächst *u*, der reelle Theil der durch die Strömung definirten complexen Function, fortwährend, wenn man längs einer Strömungscurve fortschreitet. Andererseits liefern zwei Curven, welche im Sinne des vorigen Paragraphen aequivalent sind, bei Durchlaufung nothwendig dieselben Incremente von *u*. Es gibt also eine Combination wenigstens einer Meridiancurve und einer Breitencurve, deren Durchlaufung einen nicht verschwindenden Zuwachs von *u* herbeiführt. Das Gleiche gilt nothwendig von der betreffenden Meridiancurve oder der Breitencurve selbst. Der Zuwachs aber, den *u* beim *Durchlaufen* der Meridiancurve gewinnt, entspricht dem *Ueberschreiten* der Breitencurve, und umgekehrt. Daher hat *u* nothwendig wenigstens an einer Breitencurve oder Meridiancurve einen nicht verschwindenden Periodicitätsmodul, und eine überall endliche, einförmige Strömung, bei der alle diese Periodicitätsmoduln gleich Null sind, ist in der That unmöglich, w. z. b. w.

§. 11. Erläuterung der Strömungen an Beispielen.

Es scheint sehr nützlich, sich üher den allgemeinen Verlauf der nunmehr definirten Strömungen an Beispielen zu orientiren, damit nämlich unsere Sätze nicht blosse abstracte Formulirungen bleiben, sondern mit concreten Vorstellungen verbunden werden(18). Es gelingt diess im gegebenen Falle ziemlich leicht, so lange man sich auf qualitative Verhältnisse beschränkt; die genaue quantitative Bestimmung würde selbstverständlich ganz andere Hülfsmittel erfordern. Ich will mich dabei der Einfachheit halber auf solche Flächen beschränken, bei denen eine Symmetrieebene existirt, die mit der Ebene der Zeichnung zusammenfällt,—und auf diesen Flächen nur solche Strömungen in Betracht ziehen, bei denen der scheinbare Umriss der Fläche (d. h. der Schnitt der Fläche mit der Zeichnungsebene) entweder Strömungscurve oder Niveaucurve ist. Man hat dann den wesentlichen Vortheil, dass man die Strömungscurven nur auf der *Vorderseite* der Fläche zu zeichnen braucht; denn auf der Rückseite verlaufen sie genau gerade so(19).

[Illustration: Fig. 21.]

Fig. 21.

Beginnen wir mit überall endlichen Strömungen auf dem Ringe [formula]. Wir
betrachten zunächst eine Breitencurve (oder mehrere solche Curven) als Sitz der elektromotorischen Kraft. Dann entsteht die Figur 21, in der alle Strömungscurven Meridiancurven sind und Kreuzungspuncte nicht auftreten.
Die Meridiancurven sind dabei durch Stücke radial verlaufender gerader Linien vorgestellt. Die Pfeilspitzen geben die Strömungsrichtung auf der

Vorderseite, auf der Rückseite haben wir durchweg den umgekehrten Bewegungssinn.

Bei der conjugirten Strömung spielen die Breitencurven die analoge Rolle, wie soeben die Meridiancurven; dieselbe mag durch folgende Zeichnung erläutert sein:

[Illustration: Fig. 22.]

Fig. 22.

Der Bewegungssinn ist in diesem Falle auf Vorder- und Rückseite derselbe.

[Illustration: Fig. 23.]

Fig. 23.

[Illustration: Fig. 24.]

Fig. 24.

Wir wollen nun den Ring [formula] dadurch umändern, dass wir, etwa auf der rechten Seite der Figur, zwei Ausstülpungen aus ihm hervorwachsen lassen, die sich allmählich zusammenbiegen und schliesslich verschmelzen. *So haben wir eine Fläche* [formula] *und auf ihr ein Paar conjugirter Strömungen, wie es die Figuren* 23 *und* 24 *erläutern.*

Es haben sich, wie man erkennt, rechter Hand zwei *Kreuzungspuncte* eingestellt (von denen natürlich nur einer auf der Vorderseite gelegen und also sichtbar ist). Etwas Analoges tritt jedesmal ein, wenn man überall endliche Strömungen auf einer Fläche [formula] studirt. Ich setze statt weiterer Erläuterungen noch zwei Figuren mit je vier Kreuzungspuncten her, die sich auf [formula] beziehen:

[Illustration: Fig. 25.]

Fig. 25.

[Illustration: Fig. 26.]

Fig. 26.

Dieselben entstehen, wenn man auf sämmtlichen "Handhaben" der Fläche einmal in den Breitencurven, das andere Mal in den Meridiancurven elektromotorische Kräfte wirken lässt. Auf den beiden unteren Handhaben sind dieselben in gleichem Sinne orientirt, bei der oberen im entgegengesetzten. Von den Kreuzungspuncten liegen zwei bei *a* und *b*, der dritte bei *c*, der vierte an der entsprechenden Stelle der Rückseite. Es sind die Kreuzungspuncte bei *a* und *b* in Figur (25) nur desshalb schwer zu erkennen, weil am Rande der Figur bei der von uns gewählten Darstellungsweise eine perspectivische Verkürzung eintritt und daher beide im Kreuzungspuncte zusammentreffende Strömungscurven den Rand zu berühren scheinen. Denkt man sich die (in entgegengesetzter Richtung) stattfindenden Strömungen auf der Rückseite der Fläche hinzu, so kann über die Natur dieser Puncte wohl keine Unklarheit bestehen.

Gehen wir nun zum Ringe [formula] zurück und lassen bei ihm zwei logarithmische Unstetigkeitspuncte gegeben sein! Man erhält zugehörige Figuren, wenn man die Zeichnungen (23) und (24) einem Deformationsprocesse unterwirft, der auch in allgemeineren Fällen ebenso interessant als nützlich ist. Wir wollen nämlich die Partieen linker Hand in den einzelnen Figuren zusammenziehen, die rechter Hand ausdehnen, so dass wir zunächst etwa folgende Bilder erhalten:

[Illustration: Fig. 27.]

Fig. 27.

[Illustration: Fig. 28.]

Fig. 28.

und nun die linker Hand bereits sehr schmal gewordene "Handhabe" vollends zur Curve zusammenziehen, um sie dann wegzuwerfen. *So ist aus der überall endlichen Strömung auf der Fläche* [formula] *eine Strömung mit zwei logarithmischen Unstetigkeitspunkten auf der Fläche* [formula] *geworden.* Die Figuren haben nämlich folgende Gestalt angenommen:

[Illustration: Fig. 29.]

Fig. 29.

[Illustration: Fig. 30.]

Fig. 30.

Die beiden Kreuzungspuncte von (23), (24) sind geblieben; *m* und *n* sind die beiden logarithmischen Unstetigkeitspuncte. Und zwar sind dieselben im Falle der Figur 29 Wirbelpuncte von entgegengesetzt gleicher Intensität, im Falle der Figur 30 Quellenpuncte von entgegengesetzt gleicher Ergiebigkeit. Dabei ist es wieder eine Folge der von uns gewählten Projectionsart, wenn im zweiten Falle sämmtliche Strömungscurven, von einer einzigen abgesehen, in *m* und *n* den Rand zu berühren scheinen.

Wollen wir endlich *m* und *n* zusammenrücken lassen, so dass ein algebraischer Unstetigkeitspunct von einfacher Multiplicität entsteht, so kommen folgende Zeichnungen, bei denen, wie man beachten mag, die Kreuzungspuncte nach wie vor an ihrer Stelle geblieben sind:

[Illustration: Fig. 31.]

Fig. 31.

[Illustration: Fig. 32.]

Fig. 32.

Ich will diese Figuren nicht noch mehr vervielfältigen, da weitere Beispiele nach Art der nunmehr betrachteten leicht zu bilden sind. Nur der eine Umstand werde noch hervorgehoben. Die Zahl der Kreuzungspunkte einer Strömung wächst offenbar mit dem *p* der Fläche und mit der Zahl der Unendlichkeitspunkte. Algebraische Unendlichkeitspuncte von der Multiplicität *r* mögen als [formula] logarithmische Unendlichkeitspuncte gezählt werden. Dann ist auf der Kugel bei [formula] logarithmischen Unendlichkeitspunkten die Anzahl der eigentlichen Kreuzungspunkte allgemein [formula]. Andererseits ist mit der Zunahme von *p* um eine Einheit nach unseren Beispielen eine Zunahme der Zahl der Kreuzungspunkte um zwei Einheiten verbunden. *Hiernach wird man vermuthen, dass die Zahl der Kreuzungspuncte überhaupt* [formula] *sein wird.* Ein strenger Beweis dieses Satzes auf Grund der bisher entwickelten Anschauungen hat jedenfalls keine besondere Schwierigkeit(20); er würde hier aber zu weit führen. Der einzige Specialfall unseres Satzes, den wir später gebrauchen werden, ist auf Grund der gewöhnlichen Untersuchungen der Analysis situs bekannt: es handelt sich bei ihm (§. 14) um solche Strömungen, bei denen *m* einfache algebraische Unstetigkeitspuncte vorhanden sind, bei denen also [formula] Kreuzungspuncte auftreten müssen.

§. 12. Ueber die Zusammensetzung der allgemeinsten complexen Function des Ortes aus einzelnen Summanden.

Der Beweisgang des §. 10 setzt uns in den Stand, von der allgemeinsten auf einer Fläche existirenden complexen Function des Ortes uns dadurch eine concretere Vorstellung zu machen, dass wir dieselbe aus einzelnen Summanden von möglichst einfacher Eigenschaft additiv zusammensetzen.

Betrachten wir zuvörderst *überall endliche* Functionen.

Es seien [formula] überall endliche Potentiale. Dieselben mögen *linear abhängig* heissen, wenn zwischen ihnen eine Relation

[formula]

mit constanten Coëfficienten besteht. Eine solche Beziehung liefert entsprechende Gleichungen für die [formula] Serien von [formula] Periodicitätsmoduln, welche [formula] an den [formula] Querschnitten der Fläche besitzen. Umgekehrt würde, nach dem in §. 10 bewiesenen Satze, aus solchen Gleichungen zwischen den Periodicitätsmoduln die lineare Relation zwischen den *u* selbst hervorgehen. Es ergiebt sich so, *dass man auf mannigfachste Weise* [formula] *linear unabhängige überall endliche Potentiale*

[formula]

finden kann, dass sich aber aus ihnen jedes andere überall endliche Potential linear zusammensetzt:

[formula]

In der That kann man [formula] z. B. derart wählen, dass jedes nur an einem der [formula] Querschnitte einen nicht verschwindenden Periodicitätsmodul besitzt (wobei natürlich jedem Querschnitte ein und nur ein Potential zugewiesen werden soll). Hernach kann man in [formula] die Constanten [formula] so bestimmen, dass dieser Ausdruck an sämmtlichen [formula] Querschnitten dieselben Periodicitätsmoduln aufweist, wie *u*. Dann ist [formula] eine Constante, und wir haben also die vorstehende Formel.

Um nun von den Potentialen u zu den überall endlichen Functionen [formula] überzugehen, denke ich mir der Einfachheit halber ein solches Coordinatensystem [formula] auf der Fläche eingeführt (§. 6), dass [formula] durch die Gleichungen verknüpft sind:

[formula]

Sei jetzt [formula] ein beliebiges überall endliches Potential. Wir bilden das zugehörige [formula] und haben:

[formula] *und* [formula] *sind jedenfalls linear unabhängig.*

Denn wenn zwischen [formula] eine Gleichung

[formula]

mit constanten Coëfficienten bestünde, so würde dieselbe die folgenden Relationen begründen:

[formula]

aus denen vermöge der angegebenen Beziehungen das widersinnige Resultat

[formula]

folgen würde.

Es sei nun ferner [formula] von [formula] und [formula] linear unabhängig. Dann nehmen wir das zugehörige [formula] und haben dann den allgemeineren
Satz:

Die vier Functionen [formula] *sind ebenfalls linear unabhängig.*

In der That könnte man aus jeder linearen Relation:

[formula]

durch Benutzung der zwischen den [formula] bestehenden Beziehungen die folgenden Gleichungen ableiten:

[formula]

aus denen durch Integration eine lineare Abhängigkeit zwischen [formula] folgen würde.—

So vorwärts schliessend bekommt man endlich [formula] linear unabhängige Potentiale:

[formula]

wo jedes *v* mit dem gleichbezeichneten *u* zusammengehört. Wir setzen [formula] und nennen nunmehr überall endliche Functionen [formula] linear unabhängig, wenn zwischen ihnen keinerlei Relation:

[formula]

besteht, unter [formula] beliebige complexe Constanten verstanden. Dann haben wir sofort:

_Die __p__ überall endlichen Functionen_

[formula]

sind linear unabhängig.

Wenn nämlich eine lineare Abhängigkeit bestünde, so könnte man in ihr das Reelle und Imaginäre sondern und erhielte dadurch lineare Beziehungen zwischen den *u* und *v*.

Des Weiteren aber folgt: *Jede beliebige überall endliche Function setzt sich aus unseren* [formula] *in der Form zusammen:*

[formula]

In der That können wir durch geeignete Wahl der complexen Constanten [formula] bei der linearen Unabhängigkeit der [formula] erreichen, dass eine durch vorstehende Formel definirte Function *w* an den [formula] Querschnitten beliebig vorgegebene Grössen als Periodicitätsmoduln des reellen Theils aufweist.

Diess ist das Theorem, welches wir hinsichtlich der Darstellung überall endlicher Functionen im gegenwärtigen Paragraphen aufzustellen hatten. Der Uebergang zu *Functionen mit Unendlichkeitsstellen* ist nun sehr leicht zu bewerkstelligen.

Es seien [formula] die Punkte, in denen unsere Function in irgendwie vorgeschriebener Weise unendlich werden soll. Wir wollen dann einen Hülfspunct [formula] einführen und eine Reihe von einzelnen Functionen

[formula]

construiren, von denen jede einzelne nur in einem der Puncte [formula], und zwar in der für diesen Punct vorgeschriebenen Weise, unendlich werden soll und überdies in [formula] einen logarithmischen Unstetigkeitspunct besitzen mag, dessen Residuum dem, zu dem betreffenden [formula] gehörigen, logarithmischen Residuum entgegengesetzt gleich kommt. Die Summe

[formula]

wird dann in [formula] stetig; denn die Summe aller zu den Unstetigkeitspuncten [formula] gehörigen Residua ist, wie wir wissen, gleich Null. Ueberdiess wird sie in den [formula] und nur in den [formula], dabei in der vorgeschriebenen Weise unendlich. Sie unterscheidet sich also von der gesuchten Function nur um eine überall endliche Function. *Die gesuchte Function ist also in der Gestalt darstellbar:*

[formula]

womit wir auch das allgemeine hier in Betracht kommende Theorem gefunden haben.

Dasselbe entspricht offenbar der Zerlegung, welche wir in §. 4 für die auf der Kugel existirenden complexen Functionen betrachteten, und die wir damals, wie man es gewöhnlich thut, der Lehre von der *Partialbruchzerlegung rationaler Functionen* entnahmen.

§. 13. Ueber die Vieldeutigkeit unserer Functionen. Besondere Betrachtung eindeutiger Functionen.

Die Functionen [formula], welche wir auf unseren Flächen studieren, sind im Allgemeinen unendlich vieldeutig: denn einmal bringt jeder logarithmische Unendlichkeitspunct einen Periodicitätsmodul mit sich, andererseits haben wir die Periodicitätsmoduln an den [formula] Querschnitten [formula], deren reelle Theile wir willkürlich annehmen konnten. Ich sage nun, *dass mit diesen Angaben die Vieldeutigkeit von* [formula] *in der That erschöpft ist.* Zum Beweise müssen wir auf den Begriff der Aequivalenz zweier Curven auf gegebener Fläche zurückgreifen, den wir in §. 9 zunächst zu anderem Zwecke einführten. Da die Differentialquotienten von u und v (oder, was dasselbe ist, die Componenten der zugehörigen Strömung) auf unserer Fläche durchweg eindeutig sind, so liefern zwei aequivalente geschlossene Curven, welche durch keinen logarithmischen Unstetigkeitspunkt getrennt sind, bei Durchlaufung denselben Zuwachs von u, wie von v. Nun fanden wir aber, dass jede geschlossene Curve mit einer ganzzahligen Combination der Querschnitte [formula] aequivalent ist. Wir bemerkten ferner (§. 10), dass die Durchlaufung von [formula] denjenigen Periodicitätsmodul liefert, welcher der Ueberschreitung von [formula] entspricht, und umgekehrt. Hieraus aber folgt das ausgesprochene Theorem in bekannter Weise.

Es wird uns nun insbesondere interessiren, *eindeutige* Functionen des Ortes zu betrachten. Dem Gesagten zufolge werden wir alle solche Functionen erhalten, wenn wir als Unstetigkeiten nur rein *algebraische* Unendlichkeitspuncte zulassen und dann dafür sorgen, dass die [formula] Periodicitätsmoduln an den Querschnitten [formula] sämmtlich verschwinden. Dabei wird es der leichteren Ausdrucksweise wegen gestattet sein, nur *einfache* algebraische Unstetigkeitspuncte in Betracht zu ziehen. Denn wir wissen ja aus §. 3, dass der [formula]-fache algebraische Unstetigkeitspunct durch Zusammenrücken von [formula] einfachen entstehen kann, wobei übrigens, wie man nicht vergessen darf, Kreuzungspuncte in der Gesammtmultiplicität [formula] absorbirt werden. Seien also *m* Puncte als einfache algebraische Unendlichkeitspuncte der gesuchten Function gegeben. So wollen wir zuerst irgend *m* Functionen des Ortes bilden: [formula] von denen jede nur an einer der gegebenen Stellen einfach algebraisch unendlich werden soll aber übrigens beliebig vieldeutig sein mag. Aus diesen *Z* setzt sich die allgemeinste complexe Function des Ortes, welche an den gegebenen Stellen einfache algebraische Unstetigkeiten besitzt, dem vorigen Paragraphen zufolge in der Gestalt zusammen:

[formula]

unter [formula] beliebige constante Coëfficienten verstanden. Um eine eindeutige Function zu haben, setzen wir die Periodicitätsmoduln, welche dieser Ausdruck an den [formula] Querschnitten besitzt, gleich Null. Aber diese Periodicitätsmoduln setzen sich vermöge der [formula] aus den Periodicitätsmoduln der [formula] linear zusammen. *Wir finden also* [formula] *lineare homogene Gleichungen für die* [formula]_ Constanten __a__ und __c__. Wir wollen annehmen, dass diese Gleichungen linear unabhängig sind(21). Dann kommt der wichtige Satz:

_Unter der genannten Voraussetzung giebt es bei __m__ beliebig vorgeschriebenen einfachen algebraischen Unstetigkeitspuncten nur dann eindeutige Functionen des Ortes, wenn *[formula]* ist, und zwar enthalten diese Functionen *[formula]* linear vorkommende willkürliche Constante._

Man denke sich jetzt die *m* Unendlichkeitspuncte als beweglich. So treten *m* neue Willkürlichkeiten in die Betrachtung ein. Ueberdies ist klar, dass man beliebige *m* Puncte auf der Fläche durch continuirliche Verschiebung in beliebige m andere verwandeln kann. Wir können also sagen, indem wir uns übrigens immer der Voraussetzung erinnern, die wir gemacht haben:

_Die Gesammtheit der eindeutigen Functionen mit __m__ einfachen algebraischen Unstetigkeitspuncten, die auf gegebener Fläche existiren, bildet ein Continuum von *[formula]* Abmessungen._

Nun wir die Existenz und die Mannigfaltigkeit der eindeutigen Functionen haben kennen lernen, wollen wir auf möglichst anschauungsmässigem Wege noch eine andere wichtige Eigenschaft derselben entwickeln. Die Zahl *m* der Unendlichkeitspuncte unserer Function hat nämlich für letztere eine noch viel weiter gehende Bedeutung. Ich sage, *dass unsere Function* [formula] *jeden beliebig vorgegebenen Werth* [formula]_ genau an __m__ Stellen annimmt._

Zum Beweise betrachte man den Verlauf der Curven [formula] auf unserer Fläche. Nach §. 2 ist klar, dass jede dieser Curven einen Ast durch jeden der *m* Unendlichkeitspuncte hindurchschickt. Andererseits folgt aus Betrachtungen, wie wir sie in §. 10 entwickelten, dass jeder Curvenast mindestens einen Unendlichkeitspunct enthalten muss. Hiernach ist für sehr grosse [formula] die Richtigkeit unserer Behauptung unmittelbar klar. Denn die betreffenden Curven [formula] gehen dann in der Nähe des einzelnen Unendlichkeitspunctes nach §. 2 in kleine durch den Unendlichkeitspunct hindurchlaufende Kreise über, welche nothwendig neben dem (hier nicht weiter in Betracht kommenden) Unstetigkeitspuncte noch je *einen* Schnittpunct gemein haben:

[Illustration: Fig. 33.]

Fig. 33.

Hieraus aber folgt die Sache allgemein. *Denn die Curven* [formula], [formula] *können bei continuirlicher Aenderung von* [formula], [formula] *niemals einen Schnittpunct verlieren.* Es könnte diess nämlich nach dem Gesagten nur so geschehen, dass mehrere Schnittpuncte zusammenrückten, um dann in geringerer Zahl wieder aus einander zu treten. Nun bilden die Curven [formula] ein Orthogonalsystem. Ein Zusammenrücken reeller Schnittpuncte ist also nur in den Kreuzungspuncten möglich (in denen es auch wirklich geschieht). Die Kreuzungspuncte aber sind nur in endlicher Zahl vorhanden, und also nicht im Stande, die Fläche in verschiedene Gebiete zu zerlegen. Die Eventualität des Zusammenrückens ist also überhaupt nicht in Betracht zu ziehen, und somit unsere Behauptung bewiesen.

Es ist übrigens für das Folgende nützlich, sich die Vertheilung der Werthe von [formula] in der Nähe eines Kreuzungspunctes deutlich zu machen. Hierzu genügt eine aufmerksame Beobachtung der oben gegebenen Figur 1. Man erkennt zumal, dass von den *m* beweglichen Schnittpuncten der Curven [formula], [formula] bei Annäherung an den [formula]-fachen Kreuzungspunct [formula] zusammenrücken.—

Analoge Betrachtungen, wie wir sie hiermit für eindeutige Functionen erledigt haben, finden natürlich auch bei vieldeutigen Functionen ihre Stelle. Ich gehe auf sie nur desshalb nicht ein, weil es die im Folgenden festgehaltene Umgränzung des Stoffes nicht nöthig macht. Auch kommt nur in den allereinfachsten Fällen ein übersichtliches Resultat. Sei in dieser Beziehung daran flüchtig erinnert, dass eine complexe Function mit mehr als zwei incommensurabeln Periodicitätsmoduln an jeder Stelle jedem beliebigen Werthe unendlich nahe gebracht werden kann.

§. 14. Die gewöhnlichen Riemann'schen Flächen über der x + iy-Ebene.

Statt die Vertheilung der Functionswerthe [formula] auf der ursprünglichen Fläche zu betrachten, kann man ein sozusagen umgekehrtes Verfahren einschlagen. Man deute nämlich die Functionswerthe—welche dementsprechend jetzt [formula] genannt werden sollen—in gewöhnlicher Weise in der Ebene (oder auch auf der Kugel(22) und studiere die *conforme Abbildung,* welche demzufolge (nach §. 5) von unserer ursprünglichen Fläche entworfen wird. Wir beschränken uns dabei wieder, der Einfachheit halber, auf den Fall der eindeutigen Functionen, trotzdem es besonderes Interesse hat, gerade auch die Abbildung durch mehrdeutige Fuuctionen in Betracht zu ziehen(23).

Eine kurze Ueberlegung zeigt, *dass wir so gerade zu der mehrblättrigen, mit Verzweigungsverzweigungspuncten versehenen, über der* [formula]*-Ebene ausgebreiteten Fläche geführt werden, welche man gewöhnlich als Riemann'sche Fläche schlechthin bezeichnet.*

In der That, sei *m* die Zahl der (einfachen) Unendlichkeitspuncte, welche [formula] auf der ursprünglichen Fläche besitzt. Es nimmt dann [formula], wie wir sahen, *jeden* Werth auf der gegebenen Fläche *m*-mal an. *Daher überdeckt die conforme Abbildung unserer Fläche auf die* [formula]_-Ebene die letztere im Allgemeinen mit __m__ Blättern._ Eine Ausnahmestellung nehmen nur diejenigen Werthe von [formula] ein, für welche einige der *m* auf der ursprünglichen Fläche zugehörigen Stellen zusammenfallen, denen also *Kreuzungspuncte* entsprechen. Man ziehe zum Verständnisse noch einmal die Figur (1) heran. Es folgt aus derselben, dass man die Umgebung eines [formula]-fachen Krenzungspunctes derart in [formula] Sectoren zerlegen kann, dass [formula] innerhalb jedes Sectors denselben Werthvorrath durchläuft. *Daher werden oberhalb der betreffenden Stelle der* [formula] *Ebene* [formula] *Blätter der conformen Abbildung derart zusammenhängen, dass eine Umlaufung der Stelle von einem Blatte in ein zweites, von diesem in ein drittes führt etc., und dass eine* [formula]*-malige Umlaufung derselben nöthig wird, um zum Anfangspuncte zurückzugelangen.* Diess ist aber genau, was man gewöhnlich als einen [formula]-fachen *Verzweigungspunct* bezeichnet(24). Dabei ist die Abbildung in diesem Puncte selbst natürlich keine conforme mehr; man beweist leicht, dass der Winkel, den irgend zwei auf der ursprünglichen Fläche verlaufende sich im Kreuzungspuncte schneidende Curven mit einander bilden, auf der über der [formula]-Ebene ausgebreiteten Riemann'schen Fläche genau mit [formula] multiplicirt erscheint.—

Aber zugleich erkennen wir die Bedeutung, welche diese mehrblättrige Fläche für unsere Zwecke beanspruchen kann. Alle Flächen, welche durch conforme Abbildung eindeutig aus einander hervorgehen, sind für uns gleichbedeutend (§. 8). Wir können also die *m*-blättrige Fläche über der Ebene ebensogut zu Grunde legen, wie die bisher benutzte Fläche, die wir uns ohne jedes singuläre Vorkommniss frei im Raume gelegen vorstellten. Dabei kommt die Schwierigkeit, die man in dem Auftreten der Verzweigungspuncte erblicken könnte, von vorneherein in Wegfall: denn wir werden nur solche Strömungen auf der mehrblättrigen Fläche in Betracht ziehen, welche sich in der Umgebung der Verzweigungspuncte derart verhalten, dass sie rückwärts auf die im Raume gelegene ursprüngliche Fläche übertragen dort keine anderen singulären Vorkommnisse darbieten, als die ohnehin gestatteten. Hierzu ist nicht einmal nöthig, dass man eine entsprechende im Raume gelegene Fläche kennt; handelt es sich doch nur um Verhältnisse in der nächsten Umgebung der Verzweigungspuncte, d. h. um differentielle Relationen, denen unsere Strömungen genügen müssen(25). Es hat hiernach auch keinen Zweck mehr, wenn wir von beliebig gekrümmten Flächen sprechen, uns diese ohne singuläre Puncte zu denken: *sie mögen selbst mit mehreren Blättern überdeckt sein, die unter sich durch Verzweigungspuncte, beziehungsweise Verzweigungsschnitte zusammenhängen.* Aber welche unter den unbegränzt vielen, sonach gleichberechtigten Flächen wir auch der Betrachtung zu Grunde legen wollen: wir müssen zwischen wesentlichen Eigenschaften unterscheiden, welche allen gleichberechtigten Flächen gemeinsam sind, und *unwesentlichen* Eigenschaften, die der particulären Fläche anhaften. Zu ersteren gehört die Zahl *p*, es gehören dahin die "Moduln", von denen in §. 18 ausführlicher die Rede sein soll; zu letzteren bei mehrblättrigen Flächen die Art und Lage der Verzweigungspuncte. Wenn wir uns eine *ideale* Fläche denken, die nur jene wesentlichen Eigenschaften besitzen soll, so entsprechen auf ihr den Verzweigungspuncten der mehrblättrigen Fläche gewöhnliche Puncte, die, allgemein zu reden, vor den übrigen Puncten Nichts voraus haben, und die erst dadurch beachtenswerth werden, dass bei der conformen Abbildung, die von der idealen Fläche zur particulären hinüberführt, in ihnen Kreuzungspuncte entstehen.

Das Resultat ist also dieses, *dass wir betreffs der Flächen, auf denen wir operiren dürfen, eine grössere Beweglichkeit gewonnen haben, und dass wir zugleich die Zufälligkeiten erkennen, welche die Betrachtung jeder einzelnen besonderen Fläche mit sich bringt.* Insbesondere werden wir im Folgenden, so oft es nützlich scheint, mehrblättrige Flächen über der [formula]-Ebene in Betracht ziehen; ihre

Verwendung soll aber in keiner Weise die Allgemeinheit der Auffassung beeinträchtigen(26).

§. 15. Der Ring p = 1 und die zweiblättrige Fläche mit vier Verzweigungspuncten über der Ebene. (27)

Ich habe mich im vorigen Paragraphen ziemlich kurz fassen können, da ich die gewöhnliche Riemann'sche Fläche über der Ebene mit ihren Verzweigungspuncten als bekannt ansah. Immerhin wird es nützlich sein, wenn ich das Gesagte an einem Beispiele erläutere. Wir wollen einen Ring [formula] betrachten. Auf ihm existiren nach §. 13 [formula] eindeutige Functionen mit nur zwei Unendlichkeitspuncten. Eine jede derselben besitzt nach der allgemeinen Formel des §. 11 vier Kreuzungspuncte. Der Ring ist also auf mannigfache Weise auf eine zweiblättrige ebene Fläche mit vier Verzweigungspuncten abzubilden. Ich will den besonderen Fall, in welchem ich diese Abbildung nunmehr betrachten werde, auf explicite Formeln stützen, damit auch denjenigen Lesern, die in rein anschauungsmässigen Operationen minder geübt sind, die Sache zugänglich sei. Allerdings greife ich damit in etwas den Entwickelungen vor, welche erst der folgende Paragraph zu bringen bestimmt ist.

[Illustration: Fig. 34.]

Fig. 34.

Wir wollen die Ringfläche als gewöhnlichen Torus voraussetzen, der durch Rotation eines Kreises um eine denselben nicht schneidende Axe seiner Ebene entsteht. Sei [formula] der Radius dieses Kreises, *R* der Abstand seines Mittelpunctes von der Axe, [formula] ein Polarwinkel.

Wir führen die Rotationsaxe als *Z*-Axe, den Punct *O* der Figur als Anfangspunct eines rechtwinkligen Coordinatensystems ein und unterscheiden die durch [formula] hindurchlaufenden Ebenen nach dem Winkel [formula], den sie mit der positiven *X*-Axe bilden. Dann hat man für einen beliebigen Punct der Ringfläche:

[formula]

Daher wird das Bogenelement:

[formula]

oder:

[formula]

wo

[formula]

gesetzt sein soll.

Nach Formel (3) haben wir eine conforme Abbildung der Ringfläche auf die [formula]-Ebene. Die ganze Ringfläche wird offenbar einmal überstrichen, wenn [formula] und [formula] (in den Formeln (1)) jedes von [formula] bis [formula] läuft. *Die conforme Abbildung der Ringfläche überdeckt daher ein Rechteck der Ebene, wie es durch folgende Figur vorgestellt wird:*

[Illustration: Fig. 35.]

Fig. 35.

Ich habe dabei in der Figur der Kürze halber statt [formula] einfach *p* geschrieben.—Wollen wir uns die Beziehung zwischen Rechteck und Ringfläche recht anschaulich vorstellen, so denke man sich ersteres aus dehnsamem Materiale verfertigt und nun die gegenüberstehenden Kanten des Rechtecks ohne Torsion zusammengebogen. Oder auch, man denke sich den Ring von analoger Beschaffenheit, zerschneide ihn längs einer Breitencurve und einer Meridiancurve und breite ihn dann in die [formula]-Ebene aus. Ich setze statt weiterer Erläuterung eine Figur her, welche die Verticalprojection der Ringfläche von der positiven Z-Axe aus auf die [formula]-Ebene vorstellt und bei der die Beziehung zur [formula]-Ebene markirt ist:

[Illustration: Fig. 36.]

Fig. 36.

Natürlich erblickt man nur die Oberseite der Ringfläche, die auf der Rückseite abgebildeten Quadranten 3 und 4 werden beziehungsweise von 2 und 1 verdeckt.

Sei nun andererseits bei reellem [formula] [formula] über der Ebene eine zweiblättrige Fläche mit vier Verzweigungspuncten [formula], [formula] gegeben:

[Illustration: Fig. 37.]

Fig. 37.

wobei ich mir (wie es in der Figur angedeutet ist) die beiden Halbblätter, welche die positive Halbebene überlagern, schraffirt denken will. Dabei sollen die Verzweigungsschnitte mit den geradlinigen Strecken zwischen [formula] und [formula] einerseits, und [formula] und [formula] andererseits zusammenfallen.

Diese zweiblättrige Fläche repräsentirt, wie man weiss, die Verzweigung von [formula], und zwar können wir, in Anbetracht der Wahl der Verzweigungsschnitte, die Zuordnung so treffen, dass auf dem oberen Blatte *w* durchweg einen positiven reellen Theil besitzt. Wir betrachten nun das Integral

[formula]

Dasselbe liefert uns in bekannter Weise die Abbildung unserer zweiblättrigen Fläche ebenfalls auf ein Rechteck, dessen nähere Beziehung zur zweiblättrigen Fläche durch folgende Figur gegeben ist, auf welcher man die Schraffirungen und sonstigen Unterscheidungen der Figur (37) wiederfindet:

[Illustration: Fig. 38.]

Fig. 38.

Dem oberen Blatte von Figur (37) entspricht die linke Seite dieser Figur. Man beachte vor Allem, wie sich die Abbildung für die Umgebung der Verzweigungspuncte der zweiblättrigen Fläche gestaltet. Vielleicht ist es am einfachsten, die Sache sich so vorzustellen, dass man von (37) zunächst durch stereographische Projection zu einer zweimal überdeckten Kugelfläche übergeht, welche auf einem Meridian vier Verzweigungspuncte trägt,—dass man die so erhaltene Fläche durch einen längs des Meridians verlaufenden Schnitt in vier Halbkugeln zerlegt, deren einzelne man durch geeignete Dehnung und Deformirung in der Nähe der vier Verzweigungspuncte in ein ebenes Rechteck verwandelt,—dass man endlich die so entstehenden vier Rechtecke entsprechend den Beziehungen zwischen den vier Halbkugeln nach Art von Figur (38) neben einander legt. Man sieht auf diese Art auch deutlich, dass in Figur (38) immer *zwei* (zusammengehörige) Randpuncte denselben Punct der ursprünglichen Fläche bezeichnen.

Um nun zwischen dem Ringe und der zweiblättrigen Fläche die gewünschte Beziehung zu erzielen, haben wir nur dafür zu sorgen, dass das Rechteck der Figur (38) durch passende Wahl des Moduls [formula] mit dem Rechtecke der Figur (35) *ähnlich* wird. Eine proportionale Vergrösserung des einen Rechtecks (welches auch eine conforme Umgestaltung ist) bringt dasselbe sodann mit dem anderen Rechteck zur Deckung und vermittelt so eine eindeutig-conforme Abbildung der zweiblättrigen Fläche auf die Ringfläche (oder der letzteren auf die erstere). Es wird wiederum genügen, das Sachverhältniss durch eine Figur zu kennzeichnen, dieselbe entspricht genau der eben gegebenen Figur (36):

[Illustration: Fig. 39.]

Fig. 39.

Die Schraffirung soll sich dabei nur auf die Vorderseite der Ringfläche beziehen; auf der Rückseite ist die untere Hälfte der Figur schraffirt zu denken, die obere frei zu lassen.—

Die conforme Abbildung, welche wir wünschten, ist hiermit thatsächlich geleistet. Wir wollen jetzt rückwärts die Strömung auf der Ringfläche bestimmen, durch deren Vermittelung im Sinne des §. 14 die Abbildung zu Stande kommt. Dieselbe wird an den mit [formula], [formula] bezeichneten Stellen Kreuzungspuncte besitzen müssen, an den beiden Stellen [formula] algebraische Unendlichkeitspuncte von einfacher Multiplicität. Man findet die betreffenden Curven, die Niveaucurven sowohl wie die Strömungscurven, am besten, wenn man sich des Rechtecks als Zwischenfigur bedient. Offenbar übertragen sich die Curven [formula] Const., [formula] Const. der z-Ebene (Figur 37) auf das Rechteck der Figur (38), wie die Figuren (40), (41) angeben. Ich habe dabei allein den Curven [formula] Const. Pfeilspitzen zugesetzt, um sie im Gegensatze zu den anderen als Strömungscurven zu charakterisiren.

[Illustration: Fig. 40.]

Fig. 40.

[Illustration: Fig. 41.]

Fig. 41.

Man hat nun einfach diese Zeichnungen in derselben Weise zusammenzubiegen, wie es bei Figur (35) geschildert wurde, um die Ringfläche und auf ihr die gewünschten Curvensysteme zu erhalten. Das Resultat ist das folgende:

[Illustration: Fig. 42.]

Fig. 42.

[Illustration: Fig. 43.]

Fig. 43.

Dabei erscheinen in Figur (42) die vier Kreuzungspuncte der Strömung vermöge der gewählten Projectionsart als Berührungspuncte der Niveaucurven mit der scheinbaren Contour der Ringfläche.

§. 16. Functionen von [formula], welche den untersuchten Strömungen entsprechen.

Sei [formula], wie in §. 14, eine eindeutige complexe Function des Ortes auf unserer Fläche mit m algebraischen, einfachen Unendlichkeitspuncten. Wir verwandeln unsere Fläche nach Anleitung jenes Paragraphen in eine m-blättrige Fläche über der [formula]-Ebene(28) und legen uns nun die Frage vor, *in welche Functionen des Argumentes* [formula] *die bisher untersuchten complexen Functionen des Ortes übergehen mögen.* Man erinnere sich dabei der Entwickelungen des §. 6.

Seizunächst *w* eine complexe Function des Ortes, welche auf unserer Fläche, ebenso wie [formula], *eindeutig* ist. Vermöge der Festsetzungen, die hinsichtlich der Unendlichkeitspuncte unserer Functionen und insbesondere der eindeutigen Functionen getroffen worden sind, ergibt sich sofort, dass *w* als Function von [formula] nirgendwo einen *wesentlich* singulären Punct hat. Ueberdiess ist *w* auf der *m*-blättrigen über der *z*-Ebene ausgebreiteten Fläche, so gut wie auf der ursprünglichen Fläche, eindeutig. Daher folgt auf Grund bekannter Sätze: _dass __w__ eine algebraische Function von __z__ ist_.

Dabei ist die Möglichkeit an sich nicht auszuschliessen, dass die *m* Werthe von *w*, welche demselben *z* entsprechen, zu je [formula] übereinstimmen mögen (wobei [formula] natürlich ein Theiler von *m* sein muss). Aber jedenfalls können wir solche eindeutige Functionen *w* auswählen, bei denen dieses nicht der Fall ist. Wir bestimmten oben (§. 13) die eindeutigen Functionen, indem wir ihre Unendlichkeitspuncte willkürlich annahmen. Wir haben es daher in der Hand, das erwähnte Vorkommniss jedenfalls zu vermeiden: wir brauchen nur die Unendlichkeitspuncte von *w* so anzunehmen, dass nicht jedesmal [formula] von ihnen dasselbe *z* aufweisen. Dann kommt:

_Die irreducibele Gleichung, welche zwischen __w__ und __z__ besteht:_

[formula]

_hat in __w__ die *[formula]* Ordnung._

Ebensogut wird sie in *z* natürlich die [formula] Ordnung besitzen, wenn *n* die Gesammtmultiplicität der Unendlichkeitspuncte ist, die *w* aufweist.

Aber die Beziehung dieser Gleichung [formula] zu unserer Fläche ist noch eine innigere, als die blosse Uebereinstimmung der Ordnung mit der Blätterzahl aussagt. Zu jedem Puncte der Fläche gehört nur *ein* Werthepaar *w*, *z*, das der Gleichung genügt, und umgekehrt gehört zu jedem solchen Werthepaare im Allgemeinen(29) nur ein Punct der Fläche. *Gleichung und Fläche sind sozusagen eindeutig auf einander bezogen.*

Es sei jetzt [formula] eine neue eindeutige Function auf unserer Fläche, also jedenfalls eine algebraische Function von *z*. Dann kann man die Art dieser algebraischen Function, nachdem einmal die Gleichung [formula] unter der angegebenen Voraussetzung gebildet ist, mit zwei Worten kennzeichnen. Man zeigt nämlich, *dass* [formula]_ eine rationale Function von __w__ und __z__ ist, und dass auch umgekehrt jede rationale Function von __w__ und __z__ eine Function vom Charakter des *[formula]* abgibt_. Das Letztere ist selbstverständlich. Denn eine rationale Function von *w* und *z* ist in unserer Fläche eindeutig; überdiess als analytische Function von *z* eine complexe Function des Ortes in der Fläche. Aber auch das Erstere ist leicht zu beweisen(30). Man bezeichne die *m* Werthe von *w*, die zu einem beliebigen

Werthe von *z* gehören, mit [formula], [formula], [formula] (allgemein [formula]), die entsprechenden Werthe von [formula] (die nicht nothwendig alle verschieden zu sein brauchen) mit [formula], [formula], [formula]. Dann ist die Summe:

[formula]

(wo [formula] eine beliebige, positive oder negative ganze Zahl bedeuten soll) als symmetrische Function der verschiedenen Werthe [formula] eine eindeutige Function von *z*, und also, als algebraische Function, eine *rationale* Function von *z*. Aus *m* beliebigen der so entstehenden Gleichungen kann man [formula], [formula], [formula] als linear vorkommende Unbekannte berechnen, und es zeigt dann eine leichte Discussion, dass in der That das einzelne [formula] eine rationale Function des zugehörigen [formula] und des *z* geworden ist.—

Von diesem Satze ausgehend bestimmt man nun auch sofort den Charakter derjenigen Functionen von *z*, welche durch die von uns in Betracht gezogenen *mehrdeutigen* Functionen des Ortes geliefert werden. Sei *W* eine solche Function. Dann ist *W* jedenfalls eine analytische Function von *z*; man kann also von einem *Differentialquotienten* [formula] sprechen und diesen selbst wieder als complexe Function des Ortes auf unserer Fläche deuten. Derselbe ist nothwendig als Function des Ortes eindeutig. Denn die Vieldeutigkeit von *W* bezieht sich ja nur auf constante Periodicitätsmoduln, welche, in beliebiger Vielfachheit genommen, dem Anfangswerthe additiv hinzutreten können. Daher ist [formula] nach dem eben Bewiesenen eine rationale Function von *w* und *z*, _und es stellt sich also __W__ als Integral einer solchen Function dar:_

[formula]

Der umgekehrte Satz, dass jedes solche Integral eine complexe Function des Ortes in unserer Fläche abgibt, welche zu der von uns betrachteten Functionsclasse gehört, ist auf Grund bekannter Entwickelungen selbstverständlich. Diese Entwickelungen beziehen sich einmal auf das Unendlichwerden der Integrale, andererseits auf die Werthänderungen, welche die Integrale durch Wechsel des Integrationsweges erleiden. Ein näheres Eingehen hierauf scheint an dieser Stelle unnöthig.—

Wir sind, wie wir sehen, zu einem wohlumgränzten Resultate geführt worden. _Ist erst einmal die algebraische Gleichung bestimmt, welche die Abhängigkeit zwischen __z__ und dem in hohem Maasse willkürlichen w definirt, so sind die übrigen Functionen des Ortes der Art nach wohlbekannt; sie decken sich in ihrer Gesammtheit mit den rationalen Functionen von __w__ und __z__, und mit den Integralen solcher Functionen._

Es wird gut sein, dieses Resultat am Falle der wiederholt betrachteten Ringfläche [formula] zu erläutern. Als Functionen z und w werden wir dieselben zu Grunde legen, die im vorigen Paragraphen besprochen wurden, und von denen die erstere durch die Figuren (42), (43) erläutert wird. Die zwischen ihnen bestehende Gleichung lautet einfach, wie wir wissen:

[formula]

und es verwandeln sich also die Integrale [formula] in diejenigen, die man als *elliptische Integrale* zu bezeichnen pflegt. Unter ihnen gibt es, nach §. 12, ein einziges "überall endliches" Integral. Aus der in Figur (38) gegebenen Abbildung folgt, dass dieses kein anderes ist, als das dort betrachtete [formula], das gewöhnlich sogenannte *Integral erster Gattung.* Die zugehörigen Niveaucurven und Strömungscurven sind dieselben, welche in Figur (21) und (22) dargestellt sind. Aber auch diejenigen Functionen, denen die Figuren (29) und (30), bez. (31) und (32) entsprechen, sind in der gewöhnlichen Analysis wohlbekannt. Wir haben das einemal eine Function mit zwei logarithmischen Unstetigkeitspuncten, das andere Mal eine solche mit nur einem algebraischen Unstetigkeitspuncte. Als Functionen von z betrachtet geben dieselben solche elliptische Integrale ab, welche man als *Integrale dritter Gattung* bez. *zweiter Gattung* zu bezeichnen pflegt.

§. 17. Tragweite und Bedeutung unserer Betrachtungen.

Mit den Entwickelungen des vorigen Paragraphen ist der Zielpunct, den wir uns mit der allgemeinen Fragestellung des §. 7 gesteckt haben, thatsächlich erreicht. Wir haben auf beliebiger Fläche die allgemeinsten für uns in Betracht kommenden complexen Functionen des Ortes bestimmt und nun die analytischen Abhängigkeiten derselben von einander definirt, indem wir zusahen, wie alle von einer, übrigens beliebig gewählten, eindeutigen Function des Ortes im Sinne der gewöhnlichen Analysis abhängig sind. Es bleibt uns also, um unseren Gedankengang abzuschliessen, nur noch ein Umblick zu halten, was Alles durch unsere Betrachtungen gewonnen sein mag. Wir haben dann allerdings keineswegs den vollen Inhalt aber doch die Grundlage der Riemann'schen Theorie gewonnen, und es kann wegen weiterer Ausführungen auf Riemann's Originalarbeit sowie die sonstigen Darstellungen der Theorie verwiesen werden.

Constatiren wir zunächst, *dass es in der That die Gesammtheit der algebraischen Functionen und ihrer Integrale ist, welche durch unsere Untersuchung umspannt wird.* Denn wenn eine beliebige algebraische Gleichung [formula] gegeben ist, so können wir in der gewöhnlichen Weise über der z-Ebene eine zugehörige mehrblättrige Riemann'sche Fläche construiren und nun auf dieser einförmige Strömungen und complexe Functionen des Ortes studieren (vergl. §. 15).

Wir fragen, ob das Studium dieser Functionen durch unsere Betrachtungen in der That gefördert sei. Erinnern wir uns zu dem Zwecke, dass es vor allen Dingen die *Vieldeutigkeit* der Integrale war, welche so lange einen Fortschritt in ihrer Theorie verhindert hat. Dass Integrale durch das Auftreten logarithmischer Unstetigkeitspuncte vieldeutig werden, hatte schon *Cauchy* erkannt. Aber erst durch die Riemann'sche Fläche ist die andere Art von Periodicität, welche in dem *Zusammenhange* der Fläche ihren Grund hat und an den Querschnitten der Fläche gemessen wird, uns völlig deutlich geworden.—Ein anderer Punct ist dieser. Man hat sich von je bei der Untersuchung der Integrale der Umformung durch Substitution bedient, ohne sich indess über eine bloss empirische Verwerthung derselben beträchtlich zu erheben. Bei Riemann's Theorie ist eine umfangreiche Classe von Substitutionen von selbst gegeben und in ihrer Wirkung zu beurtheilen. Die Variabelen w und z sind für uns nur irgend zwei, von einander unabhängige, eindeutige Functionen des Ortes; wir können statt ihrer ebensogut zwei andere, [formula] und [formula], zu Grunde legen, wobei sich [formula] und [formula] als übrigens beliebige rationale Functionen von w und z und ebensowohl letztere als rationale Functionen von [formula] und [formula] erweisen. Die Riemann'sche Fläche, auf der wir operiren, wird von dieser Umänderung durchaus nicht nothwendig betroffen. Unter der Menge der *zufälligen* Eigenschaften unserer Functionen erkennen wir also *wesentliche*, welche bei eindeutiger Umformung ungeändert bleiben. Und vor Allem tritt uns in der Zahl p von vorneherein ein solches invariantes Element entgegen.—Indem die Riemann'sche Theorie die beiden hiermit bezeichneten Schwierigkeiten, welche frühere Bearbeiter gehemmt hatten, bei Seite räumt, gelangt sie unmittelbar zu dem Satze, den wir in §. 10 aufstellten, und der die Willkürlichkeit der in Betracht zu ziehenden Functionen bestimmt. Ich meine den Satz, *dass man (unter den wiederholt angegebenen Beschränkungen) die Unendlichkeitspuncte der Function und die Periodicitätsmoduln ihres reellen Theiles an den Querschnitten als willkürliche und hinreichende Bestimmungsstücke derselben erachten darf.*—

So etwa stellt sich die Bilanz, wenn man die functionentheoretischen Interessen, wie es unter Mathematikern zu geschehen pflegt, voranstellt. Aber vergessen wir nicht, dass die umgekehrte Auffassung im Grunde ebenso berechtigt ist. Das Studium einförmiger Strömungen auf gegebenen Flächen kann umsomehr als Selbstzweck betrachtet werden, als es bei zahlreichen *physikalischen* Problemen unmittelbar zu Verwerthung gelangt. In der unendlichen Mannigfaltigkeit dieser Strömungen orientirt uns die Riemann'sche Theorie, indem sie auf den Zusammenhang hinweist, der zwischen diesen Strömungen und den algebraischen Functionen der Analysis statt hat.

Wir können endlich den *geometrischen* Gesichtspunct hervorkehren, und die Riemann'sche Theorie als ein Mittel betrachten, um die Lehre von der conformen Abbildung geschlossener Flächen auf einander der analytischen Behandlung zugänglich zu machen. Eben diese Auffassung ist es, der ich im folgenden, dritten Abschnitte meiner Darstellung Ausdruck zu geben bemüht bin. Es wird nicht nöthig sein, schon an dieser Stelle ausführlicher hierauf einzugehen.

§. 18. Weiterbildung der Theorie.

In Riemann's eigenem Gedankengange, wie ich ihn vorstehend zu schildern versuchte, veranschaulicht die Riemann'sche Fläche nicht nur die in Betracht kommenden Functionen, sondern sie *definirt* dieselben. Es scheint möglich, diese beiden Dinge zu trennen: die Definition der Functionen von anderer Seite zu nehmen und die Fläche nur als Mittel der Veranschaulichung beizubehalten. Das ist es in der That, was von der Mehrzahl der Mathematiker um so lieber geschehen ist, als Riemann's Definition der Function bei genauerer Untersuchung beträchtliche Schwierigkeiten mit sich bringt(31). Man beginnt also etwa mit der algebraischen Gleichung und der Begriffsbestimmung des Integrals, und construirt erst hinterher eine zugehörige Riemann'sche Fläche.

Dann aber ist von selbst eine grosse Verallgemeinerung der ursprünglichen Auffassung gegeben. Bislang galten uns zwei Flächen nur dann als gleichwerthig, wenn die eine aus der anderen durch eindeutige conforme Abbildung entstand. Jetzt ist kein Grund mehr, an der Conformität der Abbildung festzuhalten. _Jede Fläche, welche durch stetige Abbildung eindeutig_ in die gegebene verwandelt werden kann, überhaupt jedes geometrische Gebilde, dessen Elemente sich stetig eindeutig auf die ursprüngliche Fläche beziehen lassen, kann ebensowohl zur Versinnlichung der in Betracht zu ziehenden Functionen gebraucht werden._ Ich habe diesem Gedanken, wie ich bei gegenwärtiger Gelegenheit ausführen möchte, in früheren Arbeiten nach zwei Richtungen hin Ausdruck gegeben.

Einmal operirte ich mit dem Begriffe einer möglichst übersichtlichen, übrigens verschiedentlich modificirbaren *Normalfläche* (vergl. §. 8), auf welcher ich den Verlauf der in Betracht kommenden Functionen durch verschiedene graphische Hülfsmittel zu illustriren bemüht war(32). Hierher gehören auch die *Polygonnetze*, deren ich mich wiederholt bediente(33), indem ich mir die Riemann'sche Fläche in geeigneter Weise zerschnitten und dann in die Ebene ausgebreitet dachte. Es bleibe dabei an dieser Stelle unerörtert, ob nicht den so entstehenden Figuren, die zunächst beliebig stetig verändert werden dürfen, im Interesse weitergehender functionentheoretischer Untersuchungen hinterher doch eine gesetzmässige Gestalt ertheilt werden soll, vermöge deren sich eine *Definition* der durch die Figur zu veranschaulichenden Functionen ermöglicht.

Das andere Mal(34) stellte ich mir die Aufgabe, in möglichst anschaulicher Weise den Zusammenhang darzulegen zwischen der Auffassungsweise der Functionentheorie und derjenigen der gewöhnlichen analytischen Geometrie, welch' letztere eine Gleichung zwischen zwei Variabelen als *Curve* deutet. Indem ich von dem Satze ausging, dass jede imaginäre Gerade der Ebene und also auch jede imaginäre Tangente einer Curve einen und nur einen reellen Punct besitzt, erhielt ich eine Riemann'sche Fläche, die sich an den Verlauf der gegebenen Curve auf das Innigste anschmiegt. Ich habe diese Fläche, wie es mein ursprünglicher Zweck war, bisher nur zur Veranschaulichung gewisser einfacher Integrale gebraucht(35). Aber es findet eine ähnliche Bemerkung ihre Stelle, wie oben bei den Polygonnetzen. Insofern die Fläche gesetzmässig ist, muss auch sie zur *Definition* der auf ihr existirenden Functionen dienen können. In der That kann man für diese Functionen eine partielle Differentialgleichung bilden, welche den Differentialgleichungen zweiter Ordnung, die wir in §§. 1 und 5 betrachten, in etwa analog ist: nur dass der Differentialausdruck, an den diese Gleichung anknüpft, nicht unmittelbar als *Bogenelement* einer Fläche zu deuten ist.—

Diese wenigen Bemerkungen müssen genügen, um auf Betrachtungen hinzuweisen, deren Verfolg mir interessant scheint.

ABSCHNITT III.
FOLGERUNGEN.

§. 19. Ueber die Moduln algebraischer Gleichungen.

Es gibt einen wichtigen Punct, in welchem die Riemann'sche Theorie der algebraischen Functionen nicht nur der Methode sondern auch dem Resultate nach über die sonst üblichen Darstellungen dieser Theorie hinausgreift. Sie besagt nämlich _dass zu jeder über der __z__-Ebene ausgebreiteten, graphisch gegebenen mehrblättrigen Fläche zugehörige algebraische Functionen construirt werden können_,—wobei man beachten mag, dass diese Functionen, sofern sie überhaupt existiren, in hohem Maasse willkürlich sind, da [formula] im Allgemeinen gerade so verzweigt ist, wie *w*.—Der genannte Satz ist um so merkwürdiger, als er eine Angabe über eine interessante Gleichung höheren Grades implicirt. Sind nämlich die Verzweigungspuncte einer *m*-blättrigen Fläche gegeben, so existiren noch eine endliche Zahl von wesentlich verschiedenen Möglichkeiten, dieselben in die *m*-Blätter einzuordnen: man wird diese Zahl durch Betrachtungen auffinden können, die der reinen Analysis situs angehören(36). Aber dieselbe Zahl hat unserem Satze zufolge ihre algebraische Bedeutung. Man bezeichne, wie es Riemann thut, alle solche algebraischen Functionen von *z* als derselben Classe angehörig, die sich, unter Benutzung von *z*, rational durch einander ausdrücken lassen. *Dann ist unsere(37)*_ Zahl die Anzahl der verschiedenen__ Classen algebraischer Functionen, welche in Bezug auf __z__ die gegebenen Verzweigungswerthe besitzen._

Ich wünsche im gegenwärtigen und im folgenden Paragraphen verschiedene Folgerungen zu ziehen, die sich aus dem vorausgeschickten Satze gewinnen lassen, und zwar mag zunächst die Frage nach den *Moduln* der algebraischen Functionen behandelt werden, d. h. die Frage nach denjenigen Constanten, welche bei eindeutiger Transformation der Gleichungen [formula] die Rolle der Invarianten spielen.

Sei zu diesem Zwecke [formula] eine zunächst unbekannte Zahl, welche angibt, wie vielfach unendlich oft eine Fläche sich eindeutig in sich transformiren, d. h. conform auf sich selber abbilden lässt. Sodann erinnere man sich an die Anzahl der Constanten in den eindeutigen Functionen auf gegebener Fläche (§. 13). Es gab im Allgemeinen [formula] eindeutige Functionen mit *m* Unendlichkeitspuncten, und diese Zahl war jedenfalls genau richtig (wie ohne Beweis angegeben wurde), wenn [formula] war. Nun bildet jede dieser Functionen die gegebene Fläche auf eine *m*-blättrige Fläche über der Ebene eindeutig ab. _Daher ist die Gesammtheit der __m__-blättrigen Flächen, auf welche man eine gegebene Fläche conform eindeutig beziehen kann, und also auch der __m__-blättrigen Flächen, die man einer

Gleichung *[formula]* durch eindeutige Transformation zuordnen kann, *[formula]* fach._ Denn jedesmal [formula] Abbildungen ergeben dieselbe *m*-blättrige Fläche, weil jede Fläche der Voraussetzung nach [formula] mal auf sich selber abgebildet werden kann.

Nun gibt es aber überhaupt [formula] *m*-blättrige Flächen, unter *w* die Zahl der Verzweigungspuncte, d. h. [formula] verstanden. Denn durch die Verzweigungspuncte wird die Fläche, wie oben bemerkt, endlich-deutig bestimmt, und Verzweigungspunkte höherer Multiplicität entstehen durch Zusammenrücken einfacher Verzweigungspuncte, wie dieses betreffs der entsprechenden Kreuzungspuncte bereits in §. 1 erläutert wurde (vergl. Figur (2) und (3) daselbst). Zu jeder dieser Flächen gehören, wie wir wissen, algebraische Functionen. *Die Anzahl der Moduln ist daher* [formula].

Bemerken wir hierzu, dass die Gesammtheit der *m*-blättrigen Flächen mit *w* Verzweigungspuncten ein *Continuum* bildet(38), wie das Entsprechende betreffs der auf gegebener Fläche existirenden eindeutigen Functionen mit *m* Unendlichkeitspuncten bereits in §. 13 hervorgehoben wurde. Wir schliessen dann, _dass die algebraischen Gleichungen eines gegebenen __p__ ebenfalls eine einzige zusammenhängende Mannigfaltigkeit constituiren_ (wobei wir alle Gleichungen, die aus einander durch eindeutige Transformation hervorgehen, als ein Individuum erachten). Hierdurch erst gewinnt die angegebene Zahl der Moduln ihre präcise Bedeutung: *sie ist die Zahl der Dimensionen dieser zusammenhängenden Mannigfaltigkeit.*

Es kommt jetzt noch darauf an, die Zahl [formula] zu bestimmen. Diess geschieht durch folgende Sätze:

1. *Jede Gleichung* [formula] *kann* [formula] *mal eindeutig in sich, selbst transformirt werden.* Denn auf der zugehörigen Riemann'schen Fläche existiren eindeutige Functionen mit nur je einem Unendlichkeitspunct in dreifach unendlicher Zahl (§. 13), von denen man, um eine eindeutige Transformation der Fläche in sich zu haben, nur irgend zwei entsprechend zu setzen hat.—Des Näheren stellt sich die Sache so. Heisst eine der genannten Functionen *z*, so sind alle anderen (nach §. 16) algebraische eindeutige, d. h. rationale Functionen von *z*, und, da das Verhältniss umkehrbar sein muss, *lineare* Functionen von *z*. Umgekehrt ist auch jede lineare Function von *z* eine eindeutige Function des Ortes in unserer Fläche, mit nur einem Unendlichkeitspuncte. Daher wird man die allgemeinste eindeutige Transformation der Gleichung in sich bekommen, wenn man jedem Puncte *z* der Riemann'schen Fläche einen anderen durch die Formel zuordnet:

[formula]

unter [formula] beliebige Constante verstanden.

2) *Jede Gleichung* [formula] *kann einfach unendlich oft eindeutig in sich transformirt werden.* Zum Beweise betrachte man das zugehörige überall endliche Integral *W* und insbesondere die Abbildung, welche von der zweckmässig zerschnittenen Riemann'schen Fläche in der Ebene *W* entworfen wird. Wir haben dies in einem besonderen Falle bereits gethan (§. 15, Figur (38)); eine genaue Ausführung im allgemeinen Falle wird um so weniger nöthig sein, als es sich um Betrachtungen handelt, die in der Theorie der elliptischen Functionen ausführlich entwickelt zu werden pflegen. Das Resultat ist, dass zu jedem Werthe von *W ein* Punct und nur ein Punct der betreffenden Riemann'schen Fläche gehört, während sich die unendlich vielen Werthe von *W*, die demselben Punkte der Riemann'schen Fläche entsprechen, aus einem derselben in der Form zusammensetzen: [formula], unter [formula], [formula] beliebige ganze Zahlen, unter [formula], [formula] die beiden Perioden des Integrals verstanden. Bei eindeutiger Umformung wird jedem Puncte *W* ein Punct [formula] in der Weise zugeordnet werden müssen, dass jeder Vermehrung von *W* um Perioden eine solche von [formula] entspricht, und umgekehrt. Diess gelingt in der That, aber im Allgemeinen nur in der Weise, dass man

[formula]

setzt. Nur im besonderen Falle (wenn das Periodenverhältniss [formula] bestimmte zahlentheoretische Eigenschaften hat) kann [formula] auch gleich [formula], oder [formula] gesetzt werden (unter [formula] eine dritte Einheitswurzel verstanden)(39). Wie dem auch sei, wir haben in jedem Falle in den Transformationsformeln nur eine willkürliche Constante und also den wechselnden Werthen derselben entsprechend in der That einfach unendlich viele Transformationen, wie behauptet wurde.

3) *Gleichungen* [formula] *können niemals unendlich oft eindeutig in sich transformirt werden.(40)*

Ich verweise, was den analytischen Beweis dieser Behauptung angeht, auf die Darstellungen von *Schwarz* (Borchardt's Journal Bd. 87) und *Hettner* (Göttinger Nachrichten, 1880, p. 386). Auf anschauungsmässigem Wege kann man sich die Richtigkeit der Behauptung folgendermassen verständlich machen. Sollte es unendlich viele eindeutige Transformationen der Gleichung in sich geben, so müsste es möglich sein, die zugehörige Riemann'sche Fläche derart continuirlich über sich hin zu *verschieben*, dass jede kleinste Figur mit sich selbst ähnlich bleibt. Die Curven, längs deren eine solche Verschiebung vor sich ginge, müssten die Fläche jedenfalls vollständig und zugleich einfach überdecken. Ein *Kreuzungspunct* dürfte in diesem Curvensysteme offenbar nicht vorhanden sein. Man müsste einen solchen Punct nämlich, damit keine Vieldeutigkeit der Transformation eintritt, als festbleibenden Punct betrachten und also die Geschwindigkeit der

Verschiebung in ihm gleich Null setzen. Dann aber würde eine kleine Figur, welche bei der Verschiebung auf den Kreuzungspunct zu rückt, im Sinne der Bewegung nothwendig zusammengedrückt, senkrecht dazu auseinandergezogen werden; sie könnte also nicht mit sich selbst ähnlich bleiben, wie es doch durch den Begriff der conformen Abbildung verlangt wird.—Andererseits müssen aber in jedem Curvensysteme, das eine Fläche [formula] vollständig und einfach überdeckt, nothwendig Kreuzungspuncte vorhanden sein. Diess ist derselbe Satz, den wir, in etwas weniger allgemeiner Form, in §. 11 aufgestellt haben.—Die ganze Verschiebung der Fläche in sich ist also unmöglich, was zu beweisen war.

Nach diesen Sätzen ist [formula] für [formula], gleich 1 für [formula], und gleich Null für alle grösseren *p. Die Zahl der Moduln ist also für* [formula] *gleich Null, für* [formula]_ gleich Eins, für grössere __p__ gleich _[formula].

Es wird gut sein, noch folgende Bemerkungen hinzuzufügen. Um den Punct eines Raumes von [formula] Dimensionen zu bestimmen, wird man im Allgemeinen mit [formula] Grössen nicht ausreichen: man wird mehr Grössen benöthigen, zwischen denen dann algebraische (oder auch transcendente) Relationen bestehen. Ausserdem mag es aber auch sein, dass man zweckmässigerweise Bestimmungsstücke einführt, von denen jedesmal verschiedene Serien denselben Punct der Mannigfaltigkeit bezeichnen. Welche Verhältnisse bei den [formula] Moduln, die bei [formula] existiren müssen, in dieser Hinsicht vorliegen, ist nur erst wenig erforscht. Dagegen ist der Fall [formula] aus der Theorie der elliptischen Functionen genau bekannt. Ich erwähne die auf ihn bezüglichen Resultate, um mich im Folgenden bei aller Kürze doch präcise ausdrücken zu können. Sei vor allen Dingen hervorgehoben, dass für [formula] das algebraische Individuum (um diesen oben gebrauchten Ausdruck noch einmal zu verwenden) in der That durch eine (und nur eine) Grösse charakterisirt werden kann: *die absolute Invariante* [formula](41). Wenn im Folgenden gesagt wird, dass zur Ueberführbarkeit zweier Gleichungen [formula] in einander die Gleichheit des Moduls nicht nur hinreichend, sondern auch erforderlich sei, so ist stets an die Invariante J gedacht. Statt ihrer verwendet man, wie bekannt, gewöhnlich das *Legendre*'sche [formula], welches bei gegebenem J sechswerthig ist, so dass bei der Formulirung allgemeiner Sätze eine gewisse Schwerfälligkeit unvermeidbar scheint. In noch höherem Maasse ist dies der Fall, wenn man das Periodenverhältniss [formula] des elliptischen Integrals erster Gattung, wie dies in anderer Beziehung vielfach zweckmässig ist, als Modul einführt. Jedesmal unendlich viele Werthe des Moduls bezeichnen dann dasselbe algebraische Individuum.

§. 20. Conforme Abbildung geschlossener Flächen auf sich selbst.

In den nun noch folgenden Paragraphen mögen die entwickelten Principien, wie in Aussicht gestellt, nach der geometrischen Seite verfolgt werden, um wenigstens die Grundzüge für eine Theorie *der conformen Abbildung* von Flächen auf einander zu gewinnen(42) und so den Andeutungen zu entsprechen, mit denen Riemann, wie bereits in der Vorrede bemerkt, seine Dissertation abschloss. Ich werde mich dabei, was die Fälle [formula] und [formula] angeht, um nicht zu weitläufig zu werden, vielfach auf eine blosse Angabe der Resultate oder eine Andeutung ihres Beweises beschränken müssen.

Indem wir uns zuvörderst nach conformen Abbildungen einer geschlossenen Fläche auf sich selbst fragen, haben wir eine Unterscheidung einzuführen, von der bislang noch nicht die Rede war: *die Abbildung kann ohne Umlegung der Winkel geschehen oder mit Umlegung derselben.* Wir haben eine Abbildung der einen Art, wenn wir eine Kugel durch Drehung um den Mittelpunct mit sich selbst zur Deckung bringen; wir bekommen die zweite Art, wenn wir zu demselben Zwecke eine Spiegelung an einer Diametralebene verwenden. Die analytische Behandlung, wie wir sie bisher benutzten, entspricht nur den Abbildungen der ersten Art. Sind [formula] und [formula] zwei complexe Functionen des Ortes auf derselben Fläche, so liefert [formula], [formula] die allgemeinste Abbildung erster Art (vergl. §. 6). Aber es ist leicht zu sehen, wie man die Erweiterung zu treffen hat, um auch Abbildungen zweiter Art zu umfassen. *Man hat einfach* [formula], [formula] *zu setzen, um eine Abbildung zweiter Art zu haben.*

Entnehmen wir zunächst den Entwickelungen des vorigen Paragraphen, was sich auf Abbildung der ersten Art bezieht. Indem wir uns möglichst geometrischer Ausdrucksweise bedienen, formuliren wir die folgenden Theoreme:

Flächen [formula] *oder* [formula] *können immer, Flächen* [formula] *niemals unendlich oft durch Abbildung der ersten Art in sich übergeführt werden.*

Bei den Flächen [formula] *ist die einzelne Abbildung der ersten Art bestimmt, wenn man drei beliebige Puncte der Fläche drei beliebigen Puncten derselben zugeordnet hat.*

Ist [formula], *so darf man einen beliebigen Punct der Fläche einem zweiten nach Willkür zuweisen, und hat dann noch zur Bestimmung der Abbildung erster Art im Allgemeinen eine zweifache, im besonderen Falle eine vierfache oder sechsfache Möglichkeit.*

Mit diesen Sätzen ist natürlich nicht ausgeschlossen, dass besondere Flächen [formula] durch *getrennte* Transformationen der ersten Art in sich übergehen mögen. Tritt diess ein, so bildet es eine bei beliebiger conformen Umänderung der Fläche invariante Eigenschaft, nach deren Vorhandensein und Modalität besonders interessante Flächenclassen aus der Gesammtheit der übrigen herausgehoben werden können.(43) Doch verfolgen wir hier diesen Gesichtspunct nicht weiter.

Betreffs der Transformationen zweiter Art mögen wir voranstellen, *dass jede Transformation der zweiten Art in Verbindung mit einer solchen der ersten Art eine neue Transformation der zweiten Art ergibt.* Nun kennen wir bei den Flächen [formula] und [formula] die Transformationen erster Art auf Grund der angegebenen Sätze vollständig. Es wird bei ihnen also genügen, zu untersuchen, ob überhaupt *eine* Transformation der zweiten Art existirt. *Bei den Flächen* [formula] *ist diess sofort zu bejahen.* Denn es genügt, eine beliebige der eindeutigen Functionen des Ortes mit nur einem Unendlichkeitspuncte, [formula], herauszugreifen, und dann [formula], [formula] zu setzen. Bei den Flächen [formula] ist die Sache anders. *Man findet, dass im Allgemeinen keine Transformation der zweiten Art existirt.* Zum Beweise ist es am einfachsten, die Werthe in Betracht zu ziehen, welche das überall endliche Integral W auf der Fläche [formula] annimmt. Man denke sich in der Ebene W die Puncte [formula] markirt, unter [formula] wie oben beliebige positive oder negative ganze Zahlen verstanden. Man zeigt dann leicht, dass eine Transformation der zweiten Art der Fläche [formula] in sich nur dann möglich ist, wenn dieses Punctsystem eine Symmetrieaxe besitzt. Es ist diess gerade *der* Fall, in welchem die oben definirte absolute Invariante J einen *reellen* Werth aufweist. Je nachdem dabei [formula] oder [formula], können jene Puncte in der W-Ebene als die Ecken eines *rhombischen* oder eines *rechteckigen* Systems betrachtet werden.

Sei nun [formula]. Wenn für eine solche Fläche eine Transformation der zweiten Art existirt, so wird dieselbe im Allgemeinen von keiner weiteren Transformation derselben Art begleitet sein(44). Denn sonst würde die Wiederholung oder Combination dieser Transformationen eine von der Identität verschiedene Transformation der ersten Art liefern. Die Transformation muss daher nothwendig eine *symmetrische* sein, d. h. eine solche, welche die Puncte der Fläche *paarweise* zusammenordnet. Ich will dementsprechend die Fläche selbst eine *symmetrische* nennen.

Uebrigens mögen hinterher unter diesem Namen überhaupt alle Flächen mit einbegriffen sein, welche Transformationen zweiter Art in sich zulassen, die zweimal angewandt zur Identität zurückführen. Es gehören dahin, wie man sofort sieht, die Flächen [formula], sowie auch sämmtliche Flächen [formula] mit reeller Invariante.

§. 21. Besondere Betrachtung der symmetrischen Flächen.

Für die symmetrischen Flächen, auf die wir hier unser besonderes Augenmerk richten wollen, ergibt sich sofort eine Eintheilung nach der Zahl und Art der auf ihr befindlichen *Uebergangscurven*, d. h. derjenigen Curven, deren Puncte bei der in Betracht kommenden symmetrischen Umformung ungeändert bleiben.

Die Zahl dieser Curven kann jedenfalls nicht grösser sein, als [formula]. Denn wenn man eine Fläche längs aller ihrer Uebergangscurven mit Ausnahme einer einzigen zerschneidet, so bildet sie, indem ihre symmetrischen Hälften noch immer in der einen Uebergangscurve zusammenhängen, nach wie vor ein ungetrenntes Ganze. Es würden sich also, wenn mehr als [formula] Uebergangscurven vorhanden wären, auf der Fläche mehr als p nicht zerstückende Rückkehrschnitte ausführen lassen, was ein Widerspruch gegen die Definition der Zahl p ist.

Dagegen ist unterhalb dieser Gränze jede Zahl von Uebergangscurven möglich. Es mag hier genügen, in diesem Sinne die Fälle [formula] und [formula] zu discutiren; für die höheren p ergeben sich dann von selbst naheliegen de Beispiele.

1) Wenn wir eine Kugel durch Spiegelung an einer Diametralebene mit sich zur Deckung bringen, so bildet der grösste Kreis, in welchem sie von der Diametralebene geschnitten wird, eine Uebergangscurve. Wir erhalten eine Zuordnung der anderen Art indem wir je zwei solche Puncte der Kugel entsprechend setzen, welche die Endpuncte eines Durchmessers bilden. Beide Beispiele sind leicht zu generalisiren. Die analytische Darstellung ist diese. Wenn eine Uebergangscurve existirt, so gibt es eindeutige Functionen des Ortes mit nur einem Unendlichkeitspuncte, die auf der Uebergangscurve reelle Werthe annehmen. Heisst eine derselben [formula], so ist die Umformung, wie oben schon als Beispiel angegeben, durch [formula], [formula] gegeben.—Im zweiten Falle kann man eine Function [formula] so wählen, dass ihre Werthe [formula] und *0*, sowie [formula] und [formula] zusammengeordnete Puncte vorstellen. Dann ist

[formula]

die analytische Formel der betreffenden Umänderung.

2) Im Falle [formula] müssen wir die Invariante J, wie wir wissen, jedenfalls reell nehmen. Sei dieselbe zunächst [formula]. Dann können wir das zugehörige überall endliche Integral W (durch Zufügung eines geigneten constanten Factors) so normiren, dass die eine Periode *reell*, gleich a, die andere *rein imaginär*, gleich [formula], wird. Setzen wir dann (für [formula]):

[formula]

so haben wir eine symmetrische Umformung der Fläche [formula] mit den *zwei* Uebergangscurven:

[formula]

schreiben wir dagegen:

[formula]

was wieder eine symmetrische Umformung unserer Fläche ist, so haben wir den Fall, in welchem *keine* Uebergangscurve entsteht.—Der Fall mit nur *einer* Uebergangscurve tritt ein, wenn wir [formula] nehmen. Wir können dann W so wählen, dass seine beiden Perioden conjugirt complex werden. Wir schreiben dann wieder

[formula]

und haben eine symmetrische Umformung mit der einen Uebergangscurve [formula].

Neben die hiermit erläuterte erste Unterscheidung der symmetrischen Flächen nach der *Zahl* der Uebergangscurven stellt sich aber noch eine zweite. Ich will die Fälle von *0* oder [formula] Uebergangscurven einen Augenblick ausschliessen. Dann bietet sich von vorneherein eine doppelte Möglichkeit. *Eine Zerschneidung der Fläche längs sämmtlicher Uebergangscurven mag nämlich entweder ein Zerfallen der Fläche herbeiführen, oder nicht.* Es sei [formula] die Zahl der Uebergangscurven. Man zeigt dann leicht, dass [formula] ungerade sein muss, wenn ein Zerfallen eintreten soll. Eine weitere Beschränkung existirt nicht, wie man an Beispielen beweist. Wir wollen dementsprechend symmetrische Flächen *der einen und der andern Art* unterscheiden und den ersteren (den zerfallenden) Flächen die Fläche mit [formula] Uebergangscurven, den letzteren die Fläche ohne Uebergangscurve zurechnen.

Diese Sätze besitzen eine gewisse Analogie mit den Resultaten, welche in der analytischen Geometrie die gestaltliche Untersuchung der Curven von gegebenen p erzielt hat.(45) Und in der That zeigt sich, dass diese Analogie eine begründete ist. Die analytische Geometrie beschäftigt sich bei jenen Untersuchungen (zunächst) nur mit solchen Gleichungen

[formula]

welche reëlle Coefficienten besitzen. Beachten wir zunächst, dass jede solche Gleichung über der z-Ebene in der That eine symmetrische Riemann'sche Fläche bestimmt, insofern ja die Gleichung und also auch die Fläche ungeändert bestehen bleibt, wenn man w und z gleichzeitig durch ihre conjugirten Werthe ersetzt—und dass die Uebergangscurven auf dieser Fläche den *reellen* Werthereihen von w und z entsprechen, welche [formula] befriedigen, d. h. genau den verschiedenen Zügen, welche die Curve [formula] im Sinne der analytischen Geometrie aufweist.

Aber auch der Rückschluss ist leicht zu machen. Sei eine symmetrische Fläche und auf ihr eine beliebige complexe Function des Ortes, [formula], gegeben. Bei der symmetrischen Umformung erfährt unsere Fläche *eine*

Umlegung der Winkel. Wenn man also jedem Puncte der Fläche solche Werthe [formula], [formula] beilegt, wie sie, unter der Benennung *u*, *v*, sein symmetrischer Punct aufweist, so wird [formula] eine neue complexe Function des Ortes sein. Man bilde nun:

[formula]

so hat man einen Ausdruck, der im allgemeinen nicht identisch verschwindet; es genügt zu dem Zwecke, die Unendlichkeitspuncte von [formula] in unsymmetrischer Weise anzunehmen. *Man hat also eine complexe Function des Ortes, welche in symmetrisch gelegenen Puncten gleiche reelle aber entgegengesetzt gleiche imaginäre Werthe aufweist.*—Solcher [formula] mögen nun irgend zwei: *W* und *Z*, die überdiess *eindeutige* Functionen des Ortes sein sollen, herausgegriffen werden. Die zwischen diesen bestehende algebraische Gleichung hat dann die Eigenschaft, ungeändert zu bleiben, wenn man *W* und *Z* gleichzeitig durch ihre conjugirten Werthe ersetzt. *Sie ist also eine Gleichung mit reellen Coefficienten,* womit der geforderte Beweis in der That erbracht ist.

Ich knüpfe an diese Ueberlegungen noch Bemerkungen üher die *reellen* eindeutigen Transformationen *reeller* Gleichungen [formula] in sich, oder, was dasselbe ist, über solche conforme Abbildungen erster Art symmetrischer Flächen auf sich selbst, bei denen symmetrische Puncte wieder in symmetrische Puncte übergehen. In unendlicher Zahl können solche Transformationen nach dem allgemeinen Satze des §. 19 nur für [formula] und [formula] auftreten; wir beschränken uns also auf diese Fälle. Nehmen wir zuvörderst [formula]. Dann sehen wir sofort, dass unter den früher aufgestellten Transformationen nur noch diejenigen

[formula]

in Betracht kommen, *bei denen C eine reelle Constante bedeutet.* Analog in dem ersten Falle [formula]. Die Beziehung [formula] bleibt ungeändert, wenn man [formula] und [formula] gleichzeitig derselben linearen Transformation:

[formula]

unterwirft, *wo die Verhältnissgrössen* [formula] *reell sind.* In dem zweiten Falle [formula] ist die Sache etwas complicirter. *Auch bei ihm sind lineare Transformationen mit drei reellen Parametern möglich.* Dieselben nehmen aber für das oben eingeführte *z* die folgende Gestalt an:

[formula]

wo [formula] die drei reellen Parameter vorstellen. Dieses Resultat ist implicite in den Untersuchungen enthalten, die sich auf die analytische Repräsentation der Drehungen der [formula]-Kugel um ihren Mittelpunct beziehen.(46)

§ 22. Conforme Abbildung verschiedener Flächen auf einander.

Wenn es sich jetzt darum handelt, verschiedene geschlossene Flächen auf einander abzubilden, so liefern die vorausgeschickten Untersuchungen über die conforme Abbildung geschlossener Flächen auf sich selbst die nöthigen Nebenbestimmungen, welche angeben, wie oft sich eine solche Abbildung gestaltet, sofern eine solche überhaupt möglich ist. Flächen, welche sich conform aufeinander abbilden lassen, besitzen jedenfalls (wie schon hervorgehoben) übereinstimmende Transformationen in sich selbst. Man erhält also alle Abbildungen der einen Fläche auf die zweite, wenn man eine beliebige Abbildung mit allen solchen verbindet, welche *eine* der beiden Flächen in sich selbst überführen. Ich werde hierauf nicht weiter zurückkommen.

Betrachten wir nun zuvörderst allgemeine, d. h. nicht symmetrische Flächen. Dann treten die Abzählungen des §. 19 betreffs der Moduln algebraischer Gleichungen unmittelbar in Geltung. Wir haben zunächst:

Flächen [formula] *lassen sich immer conform auf einander abbilden;* und finden übrigens, dass die Flächen [formula] *einen*, die Flächen [formula] [formula] bei conformer Abbildung unzerstörbare Moduln besitzen. Jeder solche Modul ist im Allgemeinen eine *complexe* Constante. Dem Umstande entsprechend, dass bei symmetrischen Flächen reelle Parameter in Betracht gezogen werden müssen, wollen wir ihn in seinen reellen und seinen imaginären Bestandtheil zerlegt denken. Dann haben wir:

Sollen zwei Flächen [formula] *auf einander abbildbar sein, so sind im Falle* [formula] *zwei, im Falle* [formula] [formula] *Gleichungen zwischen den reellen Constanten der Flächen zu erfüllen.*

Indem wir uns jetzt zu den *symmetrischen* Flächen wenden, haben wir noch eine kleine Zwischenbetrachtung zu machen. Zunächst ist ersichtlich, dass zwei solche Flächen nur dann "symmetrisch" auf einander bezogen werden können, wenn sie neben dem gleichen p dieselbe Zahl [formula] der Uebergangscurven darbieten und überdiess beide entweder der ersten oder der zweiten Art angehören. Im Uebrigen wiederhole man speciell für die symmetrischen Flächen die Abzählungen des §. 13 betreffs der Zahl der in eindeutigen Functionen enthaltenen Constanten unter der Bedingung, dass nur solche Functionen in Betracht gezogen werden, welche an symmetrischen Stellen conjugirt imaginäre Werthe aufweisen. Hiermit combinire man sodann nach dem Muster des §. 19 die Zahl solcher über der Z-Ebene construirbarer mehrblättriger Flächen, welche in Bezug auf die Axe der reellen Zahlen symmetrisch sind. Ich will dabei, um das Auftreten unendlich vieler Transformationen in sich zu vermeiden, zuvörderst annehmen, dass [formula] sei. Die Sache ist dann so einfach, dass ich sie nicht speciell durchzuführen brauche. Der Unterschied ist nur, dass die in Betracht kommenden, früher unbeschränkten Constanten nunmehr gezwungen sind, entweder *einzeln reell* oder *paarweise conjugirt complex* zu sein. In Folge dessen reduciren sich alle Willkürlichkeiten auf die Hälfte. Wir mögen folgendermassen sagen:

Zur Abbildbarkeit zweier symmetrischer Flächen [formula] *auf einander ist neben der Uebereinstimmung in den Attributen das Bestehen von* [formula] *Gleichungen zwischen den reellen Constanten der Fläche erforderlich.*

Die Fälle [formula] und [formula], welche hierbei ausgeschlossen wurden, sind implicite bereits im vorigen Paragraphen erledigt. Selbstverständlich müssen zwei symmetrische Flächen [formula], die sich auf einander sollen abbilden lassen, die gleiche Invariante J besitzen, was *eine* Bedingung für die Constanten der Flächen abgibt, insofern J jedenfalls reell ist. Im Uebrigen aber findet man sofort, dass die Abbildung sich allemal ermöglicht, sobald die symmetrischen Flächen, wie dies selbstverständlich verlangt werden muss, *in der Zahl der Uebergangscurven* übereinstimmen.

§. 23. Berandete Flächen und Doppelflächen.

Auf Grund der nunmehr gewonnenen Resultate können wir den bisherigen Untersuchungen über die Abbildung *geschlossener* Flächen eine scheinbar bedeutende Verallgemeinerung zu Theil werden lassen, und habe ich eben desshalb die symmetrischen Flächen so ausführlich betrachtet. Wir können jetzt nämlich *berandete* Flächen und *Doppelflächen* in Betracht ziehen (mögen nun letztere berandet sein, oder nicht) und mit einem Schlage die auf sie bezüglichen Fragen erledigen. Hierzu gehört, was die Einführung der Randcurven angeht, dass wir uns von einer gewissen Beschränkung befreien, welche wir bisher, allerdings nur implicite, vorausgesetzt haben. Wir dachten uns die Flächen, auf denen wir operirten, bislang durchweg als stetig gekrümmt, oder doch nur in einzelnen Puncten (den Verzweigungspuncten) mit Unstetigkeiten behaftet. Aber nichts hindert uns, jetzt hinterher auch andere Unstetigkeiten zuzulassen. Wir werden uns z. B. vorstellen dürfen, dass unsere Fläche aus einer endlichen Anzahl verschiedener (im Allgemeinen selbst gekrümmter) Stücke, welche unter endlichen Winkeln zusammenstossen, polyederartig zusammengesetzt sei. Können wir uns doch auf einer solchen Fläche ebensogut elektrische Ströme verlaufend denken, wie auf einer stetig gekrümmten! Unter diese Flächen nun lassen sich die berandeten Flächen subsumiren.(47) *Man fasse nämlich die beiden Seiten der berandeten Fläche als Polyederflächen auf, welche längs der Randcurve (also durchweg unter einem Winkel von 360 Grad) zusammenstossen und behandele nunmehr statt der ursprünglichen berandeten Fläche die aus beiden Seiten zusammengesetzte Gesammtfläche.*(48) Diese Gesammtfläche ist dann in der That eine geschlossene Fläche. Sie ist aber überdiess eine *symmetrische* Fläche. Denn wenn man die übereinanderliegenden Puncte der beiden Flächenseiten vertauscht, so erfährt die Gesammtfläche eine conforme Abbildung auf sich selbst mit Umlegung der Winkel. Die Randcurven sind dabei die Uebergangscurven. *Zugleich aber gewinnt unsere Eintheilung der symmetrischen Flächen in zweierlei Arten eine wichtige und durchschlagende Bedeutung.* Die gewöhnlichen berandeten Flächen, bei denen man zwei Flächenseiten unterscheiden kann, entsprechen offenbar der ersten Art. Der zweiten Art aber correspondiren die *Doppelflächen*, bei denen man von einer Flächenseite durch continuirliches Fortschreiten über die Fläche hin zur anderen gelangen kann. Auch der Fall ist nicht auszuschliessen (wie bereits angedeutet), dass die Doppelfläche überhaupt keine Randcurve besitzen mag. *Wir haben dann eine symmetrische Fläche ohne Uebergangscurve vor uns.*

Ich betrachte nunmehr der Reihe nach die verschiedenen auseinanderzuhaltenden Fälle.

1) *Sei zuvörderst eine einfach berandete, einfach zusammenhängende Fläche gegeben.* Eine solche Fläche erscheint für uns als eine geschlossene Fläche [formula], welche unter Auftreten einer Uebergangscurve symmetrisch auf sich selbst bezogen ist. Wir finden also, _dass zwei solche Flächen sich allemal durch Abbildung der einen oder der anderen Art conform__ auf einander beziehen lassen, und dass man dabei in jedem der beiden Fälle noch drei reelle Constanten zur willkürlichen Verfügung hat._ Wir können die letzteren insbesondere dazu benutzen, um einen beliebigen inneren Punct der einen Fläche einem entsprechend gelegenen Puncte der anderen Fläche zuzuweisen und überdiess einen beliebigen Randpunct der einen Fläche einem beliebigen Randpuncte der anderen. Diese Bestimmungsweise entspricht dem bekannten Satze, den Riemann betreffs der conformen Abbildung einer einfach berandeten, einfach zusammenhängenden, *ebenen* Fläche auf die Fläche eines Kreises gegeben und in Nro. 21 seiner Dissertation als Beispiel für die Anwendung seiner Theorie auf Probleme der conformen Abbildung ausführlich erläutert hat.

2) *Wir betrachten ferner Doppelflächen* [formula] *(ohne Randcurven).* Aus §§. 21, 22 folgt sofort, dass zwei solche Flächen allemal conform auf einander bezogen werden können, und man dabei, den Schlussformeln des §. 21 entsprechend, noch drei reelle Constanten zu beliebiger Verfügung hat.

3) *Die verschiedenen hier in Betracht kommenden Fälle, welche eine Gesammtfläche* [formula] *ergeben, betrachten wir gemeinsam.* Es gehören dahin zunächst die *zweifach berandeten, zweifach zusammenhängenden* Flächen, also Flächen, die wir uns im einfachsten Falle als geschlossene *Bänder* vorstellen dürfen. Es gehören dahin ferner *die bekannten Doppelflächen mit nur einer Randcurve*, die man erhält, wenn man die beiden schmalen Seiten eines rechteckigen Papierstreifens zusammenbiegt, nachdem man den Streifen um 180 Grad tordirt hat. Es gehören endlich dahin *gewisse unberandete Doppelflächen.* Man

kann sich von denselben ein Bild machen, indem man etwa ein Stück eines Kautschukschlauches umstülpt und nun so sich selbst durchdringen lässt, dass bei Zusammenbiegung der Enden die Aussenseite mit der Innenseite zusammenkommt. Bezüglich aller dieser Flächen besagen die früheren Sätze, dass die Abbildbarkeit der einzelnen Fläche auf eine zweite derselben Art das Bestehen *einer* aber nur einer Gleichung zwischen den reellen Constanten der Flächen voraussetzt, dass aber die Abbildung, wenn überhaupt, in unendlich vielen Weisen geschehen kann, indem man ein doppeltes Vorzeichen und eine reelle Constante zu beliebiger Verfügung hat.

4) *Wir nehmen nunmehr den allgemeinen Fall einer zweiseitigen Fläche.* Die Fläche soll [formula] Randkurven besitzen und überdiess [formula] nicht zerstückende Rückkehrschnitte zulassen, wobei entweder [formula] sein muss oder [formula]. Dann wird die aus Vorder- und Rückseite gebildete Gesammtfläche [formula] nicht zerstückende Rückkehrschnitte zulassen. Denn man kann erstens die [formula] nach Voraussetzung auf der einfachen Flächenseite möglichen Rückkehrschnitte jetzt doppelt benutzen (sowohl auf der Vorderseite, als der Rückseite), man kann ferner noch längs [formula] der vorhandenen Randcurven Schnitte anbringen, ohne dass die Gesammtfläche aufhörte, ein einziges zusammenhängendes Flächenstück zu bilden. Wir werden also in den Sätzen des vorigen Paragraphen [formula] setzen und haben:

Zwei Flächen der betrachteten Art lassen sich, wenn überhaupt, nur auf eine endliche Anzahl von Weisen auf einander abbilden. Die Abbildbarkeit hängt von [formula] *Gleichungen zwischen den reellen Constanten der Flächen ab.*

5) *Wir haben endlich den allgemeinen Fall der Doppelfläche* mit [formula] Randcurven und P auf der doppelt gedachten Fläche neben den Randcurven möglichen Rückkehrschnitten. Indem wir die drei unter 2) und 3) betrachteten Möglichkeiten ([formula], [formula] oder *1*, und [formula], [formula]) bei Seite lassen, erhalten wir denselben Satz, wie unter 4), nur dass überall statt [formula] die Summe [formula] zu schreiben ist, wo P nach Belieben eine gerade oder ungerade Zahl sein kann. *Insbesondere beträgt die Zahl der reellen Constanten einer Doppelfläche, die bei beliebiger conformer Abbildung ungeändert bleiben,* [formula].—

Unter die hiermit gewonnenen Resultate subsumiren sich die allgemeinen Theoreme und Entwickelungen, welche Herr *Schottky* in seiner wiederholt citirten Abhandlung gegeben hat, als specielle Fälle.

§. 24. Schlussbemerkung.

Die Entwickelungen des nunmehr zu Ende geführten letzten Abschnitt's dieser Schrift sollten, wie wiederholt gesagt, den Andeutungen entsprechen, mit denen Riemann seine Dissertation abschloss. Allerdings haben wir uns auf *eindeutige* Beziehung zweier Flächen durch conforme Abbildung beschränkt. Riemann hat, wie er ausspricht, ebensowohl an mehrdeutige Beziehung gedacht. Man würde sich dementsprechend jede der beiden in Vergleich kommenden Flächen mit mehreren Blättern überdeckt vorstellen müssen und erst die so entstehenden mehrblättrigen Flächen conform eindeutig zu beziehen haben. Die Verzweigungspuncte, welche diese mehrblättrigen Flächen besitzen mögen, würden ebensoviele neue, zur Disposition stehende complexe Constante abgeben.—Hierzu ist zu bemerken, dass wir wenigstens *einen* Fall einer solchen Beziehung bereits ausführlich in Betracht gezogen haben. Indem wir eine beliebige Fläche mehrblättrig über die Ebene ausbreiteten (§. 15), haben wir zwischen Fläche und Ebene eine Beziehung hergestellt, die von der einen Seite mehrdeutig ist. Es ist dann weiter hervorzuheben, dass eben dieser specielle Fall auch zwei beliebige Flächen mehrdeutig auf einander beziehen lässt. Denn sind erst die beiden Flächen auf die Ebene abgebildet, so sind sie, durch Vermittelung der Ebene, auch auf einander bezogen.—Mit diesen Bemerkungen ist die Frage nach der mehrdeutigen Abbildung natürlich keineswegs erschöpft. Aber es ist doch eine Grundlage zu ihrer Behandlung gewonnen, indem gezeigt ist, wie sie sich in die übrigen functionentheoretischen Speculationen Riemann's, von denen wir hier Rechenschaft zu geben hatten, einfügt.

FOOTNOTES

1 Sei insbesondere auf die Darstellung verwiesen, welche Maxwell in seinem Treatise on Electricity and Magnetisme (Cambridge 1873) gegeben hat. Dieselbe entspricht, was anschauungsmässige Behandlung angeht, genau den Gesichtspuncten, die auch ich im Texte verfolge.

2 Man vergl. den grundlegenden Aufsatz von Kirchhoff im 64. Bande von Poggendorff's Annalen: Ueber den Durchgang eines elektrischen Stromes durch eine Ebene (1845).

3 Die Behauptungen des Textes hängen, wie man weiss, auf das Engste mit der Theorie der sogenannten Doppelbelegungen zusammen, wegen deren man Helmholtz in Poggendorffs Annalen Bd. 89, p. 224 ff. (Ueber einige Gesetze der Vertheilung elektrischer Ströme in körperlichen Leitern, 1853) sowie C. Neumann in dessen Buche: Untersuchungen über das Logarithmische und Newton'sche Potential (Leipzig, Teubner, 1877) vergleichen mag.

4 Nach dem Vorgänge von C. Neumann, Vorlesungen über Riemann's Theorie der Abel'schen Integrale, Leipzig, 1865.— Die Einführung der Kugelfläche läuft sozusagen der Ersetzung von *z* durch das Verhältniss [formula] *zweier* Variabler parallel, wodurch, wie man weiss, die Behandlung unendlich grosser Werthe von *z* auch *formal* unter die der endlichen Werthe subsumirt wird.

5 Unter [formula], [formula], [formula] rechtwinklige Coordinaten verstanden, sei die Gleichung der Kugel [formula]. Projectionspunct sei [formula], [formula], [formula], Projectionsebene ([formula]-Ebene) die gegenüberliegende Tangentialebene (die [formula]-Ebene). Dann folgt:

[formula]

Bezeichnet man mit [formula] das Bogenelement der Ebene, mit [formula] das entsprechende Bogenelement der Kugel, so kommt:

[formula]

eine Formel, welche für das Folgende insofern besonders wichtig ist, als sie die Abbildung als eine *conforme* charakterisirt.

6 Man vergleiche hierzu und zu den folgenden Entwickelungen: Beltrami, Delle variabili complesse sopra una superficie qualunque; Annali di

Matematica, ser. 2, t. I, p. 329 ff.—Die besondere Bemerkung, dass Oberflächenpotentiale bei conformer Abbildung ebensolche bleiben, findet sich in den in der Vorrede citirten Schriften von C. Neumann, Kirchhoff und Töpler, dann auch z. B. bei Haton de la Goupillière: Méthodes de transformation en Géométrie et en Physique Mathématique,

Journal de l'Ecole Polytechnique, t. XXV, 1867 (p. 169 ff.).

7 Es ist übrigens nicht schwer, sich auch ohne alle Formel von der Richtigkeit jener Behauptung Rechenschaft zu geben; man sehe die wiederholt citirten Arbeiten von C. Neumann und Töpler.

8 Ein besonders übersichtliches Beispiel von doch nicht zu elementarem Charakter gibt die *Ikosaedergleichwng* (siehe Mathematische Annalen, Bd. XII, p. 502 ff.). Dieselbe lautet, wie man weiss:

[formula]

ist also (für *z*) eine Gleichung vom sechszigsten Grade. Die Unendlichkeitspunkte von *w* fallen zu je 5 in 12 Punkte zusammen, welche die Ecken eines Ikosaeders sind, das der Kugel, auf welcher wir *z* deuten, einbeschrieben ist. Den 20 Seitenflächen dieses Ikosaeders entsprechend zerlegt sich die Kugel in 20 gleichseitige sphärische Dreiecke. Die Mittelpunkte dieser Dreiecke sind durch [formula] gegeben und stellen ebensoviele Kreuzungspuncte von der Multiplicität Zwei für die Function *w* dar. Hiernach kennt man (unter Einrechnung der Unendlichkeitspuncte) von den [formula] Kreuzungspuncten bereits [formula]. Die 30 noch fehlenden werden durch die Halbirungspuncte der 30 Kanten, die jenen 20 sphärischen Dreiecken angehören, geliefert.

[Illustration: Fig. 13.]

Fig. 13.

Die beistehende Figur repräsentirt in schematischer Weise eines jener 20 Dreiecke und auf ihm den Verlauf der Strömungscurven; auf den 19 übrigen Dreiecken ist die Sache genau ebenso.

9 Die in diesem Paragraphen gegebene Darstellung weicht von der durch Riemann selbst gegebenen zumal dadurch ab, dass Flächen mit Randcurven vorab überhaupt nicht in Betracht gezogen werden und also statt der Querschnitte, die von einem Randpuncte zu einem zweiten

laufen, sogenannte *Rückkehrschnitte* zur Verwendung gelangen (vgl. C. Neumann, Vorlesungen über Riemann's Theorie der Abel'schen Integrale, p. 291 ff.).

10 Es ist immer nur an Umformung durch *stetige* Functionen gedacht. Ueberdies sollen bei den willkürlichen Flächen des Textes bis auf Weiteres gewisse besondere Vorkommnisse ausgeschlossen sein. Es ist am Besten, sich dieselben ohne alle singuläre Puncte zu denken; erst später kommen Verzweigungspuncte und damit Selbstdurchsetzungen der Fläche in Betracht (§. 13). Die Flächen dürfen jedenfalls keine *Doppelflächen* sein, bei denen man von einer Flächenseite durch continuirliches Fortschreiten auf der Fläche zur anderen Flächenseite gelangen kann; man vergleiche indess §. 23. Ueberdiess wird vorausgesetzt—wie man es immer thut, wenn man sich eine geschlossene Fläche als *fertig* gegeben denkt—dass die Fläche durch eine *endliche* Zahl von Schnitten in einfach zusammenhängende Theile zerlegt werden kann.

11 Damit soll keineswegs gesagt sein, dass diese Art geometrischer Evidenz nicht noch der näheren Untersuchung bedürftig sei. Man vergleiche die Erläuterungen von G. Cantor in Borchardt's Journal, Bd. 84, p. 242 ff. Es bleiben inzwischen diese Untersuchungen von den Darlegungen des Textes ausgeschlossen, da es für letztere Princip ist, auf anschauungsmässige Verhältnisse als letzte Begründung zu recurriren.

12 Man sehe C. Jordan: Sur la déformation des surfaces in Liouville's Journal, ser. 2, Bd. 11 (1866). Einige Puncte, die mir besonderer Aufklärung zu bedürfen schienen, sind in den mathematischen Annalen, Bd. VII, p. 529, und Bd. IX, p. 476, besprochen.

13 Die Definition dieser Unendlichkeitspuncte bezog sich zunächst nur auf die Ebene, bez. die Kugel. Aber es ist wohl klar, wie dieselbe auf beliebige krumme Flächen zu übertragen ist: die Verallgemeinerung ist so zu treffen, dass wir auf die alten Unendlichkeitspuncte zurückkommen, wenn wir die Fläche und die stationären Strömungen auf ihr durch conforme Abbildung auf die Ebene übertragen.—In dieser Beschränkung hinsichtlich der Art der Unendlichkeitspuncte liegt auch, wie ich hier nicht ausführen kann, dass nur eine *endliche* Zahl von Unendlichkeitspuncten bei unseren Strömungen möglich ist. Desgleichen folgt aus unseren Prämissen, wie beiläufig hervorgehoben sei, dass von Kreuzungspuncten bei unseren Strömungen jedenfalls auch nur eine endliche Zahl auftritt.

14 Ueber die Periodicität des imaginären Theil's der Function soll hiermit keinerlei Verfügung getroffen sein. In der That ist *v* bei gegebenem *u* durch die Differentialgleichungen (1) der pag. 1 bis auf eine additive Constante vollständig bestimmt und es unterliegen also die Periodicitätsmoduln, welche *v* an den Querschnitten [formula], [formula] besitzen mag, keinerlei willkürlicher Festsetzung.

15 Einen anderen Beweis siehe bei C. Jordan: Des contours tracés sur les surfaces, in Liouville's Journal, ser. 2, Bd. 11 (1866).

16 Wegen dieses Satzes siehe Beltrami, 1. c. p. 354.

17 Ich will übrigens daran erinnern, dass man auch den Green'schen Satz anschauungsmässig begründen kann. Vgl. Tait, On Green's and allied other theorems, Edinburgh Transactions, 1869—70, p. 69 ff.

18 Eine solche Orientirung ist vermuthlich auch für den praktischen Physiker von hohem Werthe.

19 Derartige Zeichnungen gab ich bereits in dem Aufsatze: *Ueber den Verlauf der Abel'schen Integrale bei den Curven vierten Grades*, Mathematische Annalen, Bd. X. Allerdings haben die Riemann'schen Flächen daselbst eine etwas andere Bedeutung, so dass bei ihnen nur in übertragenem Sinne von einer Flüssigkeitsbewegung die Rede sein kann; vergl. die Erläuterungen, welche darüber in §. 17 des Nachfolgenden gegeben werden.

20 Zu einem solchen Beweise scheint vor allen Dingen nothwendig, sich über die verschiedenen Möglichkeiten klar zu werden, die betreffs der Ueberführung einer gegebenen Fläche in die Normalfläche des §. 8 vorliegen.

21 Sind sie es nicht, so ist die nächste Folge, dass die Zahl der in *m* Puncten unendlich werdenden eindeutigen Functionen *grösser* wird als die im Texte angegebene. Man kennt die Untersuchungen, welche zumal Roch über diese Möglichkeit angestellt hat (Borchardt's Journal Bd. 64; vergl. auch, was die algebraische Formulirung betrifft: *Brill* und *Nöther*, über die algebraischen Functionen und ihre Verwendung in der Geometrie, Mathematische Annalen, Bd. 7). Ich kann diesen Untersuchungen im Texte nicht folgen, obgleich sie sich mit Leichtigkeit an die Darstellung des *Abel*'schen Theorems anschliessen lassen, wie sie Riemann in Nr. 14 der Abel'schen Functionen giebt,—und will nur, mit Rücksicht auf spätere Entwickelungen des Textes (cf. §. 19), darauf hinweisen, *dass eine*

lineare Abhängigkeit zwischen den [formula]_ Gleichungen jedenfalls nicht eintritt, wenn __m__ die Gränse *[formula]* überschreitet._

22 Ich spreche im Folgenden durchweg von der Ebene, statt von der Kugel, um mich möglichst an die gewöhnliche Auffassungsweise anzuschliessen.

23 Man vergleiche hierzu, was Riemann in Nr. 12 seiner Abel'schen Functionen über die Abbildung durch überall endliche Functionen sagt.

24 Wir haben oben (§. 11) ohne ausgeführten Beweis angegeben, dass die Zahl der Kreuzungspuncte von [formula] beträgt. Wie man jetzt sieht, ist diese Behauptung eine einfache Umsetzung der bekannten Relation, welche die Zahl der Verzweigungspuncte (oder vielmehr die Gesammtmultiplicität derselben) mit der Blätterzahl m und dem p einer mehrblättrigen Fläche verknüpft [unter p die Maximahlzahl der Rückkehrschnitte verstanden, die man auf dieser mehrblättrigen Fläche ziehen kann, ohne sie zu zerstücken].

25 Wegen der expliciten Formulirung dieser Relationen vergleiche man die gewöhnlichen Lehrbücher, sodann insbesondere die Schrift von C. Neumann: Das Dirichlet'sche Princip in seiner Anwendung auf die Riemann'schen Flächen, Leipzig 1865.

26 Es entsteht hier die interessante Frage, ob es immer möglich ist, mehrblättrige Flächen mit beliebigen Verzweigungspuncten conform in solche zu verwandeln, die durchaus keine singuläre Stelle besitzen Diese Frage greift über die im Texte zu behandelnden Gegenstände hinaus, aber ich habe sie immerhin anführen wollen. Gelingt es im einzelnen Falle nicht, so haben die vorgängigen Betrachtungen des Textes doch noch die Bedeutung, dass sie am einfachsten Beispiele die allgemeinen Ideen haben entstehen lassen und dadurch die Behandlung auch der complicirteren Vorkommnisse ermöglicht haben.

27 Vergl. Kirchhoff; Monatsberichte der Berliner Akademie von 1875, l. c. (wo übrigens explicite nur die Beziehung zwischen Ringfläche und ebenem Rechtecke besprochen wird).

28 Diese geometrische Umsetzung ist natürlich keineswegs nothwendig; wir erreichen durch dieselbe nur den Anschluss an die gewöhnlich eingehaltene Darstellungsweise.

29 Im Besonderen kann diess anders sein. Wenn man *w* und *z* als Parallel-Coordinaten, die zwischen ihnen bestehende Gleichung durch eine Curve deutet, so sind es, wie man weiss, die *Doppelpuncte* dieser Curve, welche jenen besonderen Vorkommnissen entsprechen.

30 Vergl. die eingehende Beweisführung bei Prym, Borchardt's Journal, Bd. 83, p. 251 ff.: Beweis eines Riemann'schen Satzes.

31 Vergl. die betreffenden Bemerkungen der Vorrede.

32 Vergl. meine Arbeiten über elliptische Modulfunctionen in den Bänden 14, 15, 17 der mathematischen Annalen.

33 Man sehe insbesondere die dem 14. Annalenbande beigegebene Tafel ("Zur Transformation siebenter Ordnung der elliptischen Functionen") sowie die später noch zu nennende Arbeit von Dyck im 17. Bande daselbst.

34 "Ueber eine neue Art von Riemann'schen Flächen", mathematische Annalen Bd. 7 und 10.

35 Siehe: Harnack (Ueber die Verwerthung der elliptischen Functionen für die Geometrie der Curven dritten Grades) im 9. Bande der mathematischen Annalen, siehe ferner meinen schon oben genannten Aufsatz: "Ueber den Verlauf der Abel'schen Integrale bei den Curven vierten Grades" im 10. Bande daselbst.

36 Solche Bestimmungen machte z. B. Hr. Kasten in seiner Inauguraldissertation: Zur Theorie der dreiblättrigen Riemann'schen Fläche. Bremen 1876.

37 Wenn es hier wieder gestattet ist auf eigene Arbeiten zu verweisen, so geschehe diess zunächst mit Bezug auf eine Stelle im 12. Bande der mathematischen Annalen (p. 173), wo der Schluss begründet wird, dass gewisse rationale Functionen durch die Zahl ihrer Verzweigungen völlig bestimmt sind, sodann in Bezug auf Bd. 15, p. 533 ebenda, wo eine ausführliche Betrachtung lehrt, dass es zehn rationale Functionen elften Grades gibt, die gewisse Verzweigungsstellen besitzen.

38 Es folgt diese z. B. aus den Sätzen von Lüroth und Clebsch, die man in den Bänden 4 und 6 der mathematischen Annalen abgeleitet findet.

39 Ich führe dieses Resultat, welches aus der Theorie der elliptischen Functionen wohlbekannt ist, im Texte ohne Beweis an.

40 Es ist bei diesem Satze an eine *continuirliche* Schaar von Transformationen, also an Transformationen mit willkürlich

veränderlichen Parametern gedacht. Ob eine Fläche [formula] unter Umständen nicht durch unendlich viele *discrete* Transformationen in sich übergehen kann, bleibt im Texte unerörtert; doch scheint diess bei endlichem *p* in der That auch unmöglich.

41 Vergl. die Darstellung im 14. Bande der mathematischen Annalen, p. 112 ff.

42 Die im Texte aufzustellenden Sätze finden sich explicite grösstentheils in der Literatur nicht vor. Wegen der Flächen [formula] vergleiche man den bereits citirten Aufsatz von Schwarz (Berliner Monatsberichte 1870). Man sehe ferner eine Arbeit von Schottky: *Ueber die conforme Abbildung mehrfach zusammenhängender Flächen*}, die als Berliner Inaugural-Dissertation 1875 erschien und später (1877) in umgearbeiteter Form in Borchardts Journal Bd. 83 abgedruckt wurde. Es handelt sich in derselben um solche *p*-fach zusammenhängende ebene Bereiche, welche von [formula] Randcurven begränzt werden.

43 Solchen Flächen entsprechen algebraische Gleichungen mit einer Gruppe eindeutiger Transformationen in sich. Die Bemerkungen des Textes zielen also auf solche Untersuchungen ab, wie sie in neuerer Zeit von Hrn. Dyck verfolgt worden sind (cf. die bereits citirte Arbeit im 17. Bande der Mathematischen Annalen: Aufstellung und Untersuchung von Gruppe und Irrationalität regulärer Riemann'scher Flächen).

44 Es gibt natürlich wieder Flächen, welche neben einer Anzahl von Transformationen erster Art eine gleiche Anzahl von Transformationen zweiter Art zulassen; dieselben entsprechen den *regulär-symmetrischen* Flächen der Dyck'schen Arbeit.

45 Vergl. Harnack: Ueber die Vieltheiligkeit der ebenen algebraischen Curven, in Bd. 10 der Mathematischen Annalen, p. 189 ff.; vergleiche ferner p. 415, 416 daselbst, wo ich die Eintheilung jener Curven in zweierlei Arten gegeben habe. Vielleicht ist es zweckmässig, bei diesen Untersuchungen die Lehre von den symmetrischen Flächen und die Riemann'sche Theorie, so wie beide hier im Texte dargestellt werden, geradezu als Ausgangspunct zu wählen.

46 Siehe zumal: Cayley, on the correspondence between homographies and rotations, Mathematische Annalen, Bd. 15, p. 238-240.

47 Ich verdanke diese Auffassung einer gelegentlichen Unterredung mit Hrn. Schwarz (Ostern 1881). Man vergl. p. 320 ff. der bereits genannten Arbeit von Schottky im 83. Bande von Borchardt's Journal, sowie die Originaluntersuchungen von Schwarz über die Abbildung geschlossener Polyederflächen auf die Kugel (Berliner Monatsberichte 1865 p. 150 ff., Borchardt's Journal Bd. 70, p. 121—136, Bd. 75, p. 330.)

48 Ich drücke mich im Texte der Kürze halber so aus, als wenn die ursprüngliche Fläche eine zweiseitige Fläche gewesen wäre, während doch nicht ausgeschlossen sein soll, dass sie eine Doppelfläche ist.